职业师资培训教材

YUYINGSHI

育婴师

主　编　郭建国

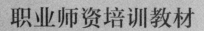 中国劳动社会保障出版社

图书在版编目(CIP)数据

育婴师/郭建国主编. —北京:中国劳动社会保障出版社,2015
职业师资培训教材
ISBN 978-7-5167-2069-1

Ⅰ.①育… Ⅱ.①郭… Ⅲ.①婴幼儿-哺育-技术培训-教材 Ⅳ.①TS976.31-62

中国版本图书馆 CIP 数据核字(2015)第 207894 号

中国劳动社会保障出版社出版发行

(北京市惠新东街 1 号 邮政编码:100029)

*

北京金明盛印刷有限公司印刷装订 新华书店经销

787 毫米×1092 毫米 16 开本 11.25 印张 188 千字

2015 年 8 月第 1 版 2016 年 3 月第 2 次印刷

定价:26.00 元

读者服务部电话:(010) 64929211/64921644/84626437

营销部电话:(010) 64961894

出版社网址:http://www.class.com.cn

编写指导委员会

主　任　王淑霞　秦瑞芳　籍孝诚　梅　建
委　员　周重嘉　吴凤岗　王书荃　陈文山　陈　禾
　　　　邹东生　宗淑琪

教材编写人员

主　编　郭建国
参　编　徐素珍　余婉玲　邱慧敏　位俊芹　夏秀英
　　　　王秀娣　王新鹏　罗　佳　张　瑞　卫兆艳

编写说明

0~3 岁是婴儿身体和大脑发育最快速的时期，婴儿护理和教育越来越受到社会和父母的重视，特别需要专业人员在护理保健、智力开发、情商培养等诸多方面给予婴儿科学的指导。国务院颁布的中国儿童发展纲要，说明了党和国家一贯重视婴幼儿童的培养教育。育婴师国家职业资格自 2003 年推出以来，得到广泛的普及和发展，社会认可度逐渐提高。优秀的育婴师经常处于被提前数月预订的状态，从业人员的收入持续提高，就业发展前景非常广阔。社会对育婴师需求量不断增加，促进了育婴师职业师资队伍的快速发展。

为加强育婴师师资队伍建设，提高育婴师师资从业人员的知识和技能水平，人力资源和社会保障部教材办公室组织育婴专家编写了本教材。

为满足育婴师师资培训的需要，本教材对于育婴师应掌握的各项知识、技能进行了更全面、更深入、多维度地介绍，并且更加注重与教学实践的结合，为育婴师师资提供了翔实的资料，推荐各类育婴师师资培训使用。

北京金童职业技能培训学校（www.jtschool.org）、北京大学孕婴童健康课题组、中华育婴协会、中国母乳喂养指导与催乳协会、北京金婴慧母婴服务中心在本教材编写过程中，提供了大量素材资料，在此一并表示衷心的感谢。

由于编写时间仓促，编写人员水平有限，本教材的缺点和疏漏之处在所难免。欢迎教材的使用单位及读者个人提出宝贵的意见和建议，以便教材修订时完善。

目　录

MULU

第一章　育婴师职业总论

第一节　育婴师职业简介

一、育婴师工作内容

育婴师是指从事0~3岁婴儿照料、护理和教育的人员。育婴师的工作内容主要包括：

1. 生活照料

婴儿的饮食、饮水、睡眠、二便、三浴、卫生（居室、个人、四具）等。

2. 日常生活保健与护理

婴儿的生长监测、预防接种、常见疾病护理、预防铅中毒、危险因素的识别、意外伤害的预防与处理等。

3. 婴儿教育

婴儿动作技能训练、智力开发、社会行为与人格培养、婴儿发展评价、实施个别化教学计划、培训指导等。

二、育婴师服务对象的年龄分期

我国一般把人从出生到成熟之间（0~18岁）的发展过程分为新生儿期、婴儿期、学前期、学龄期、少年期和青年期六个阶段。把心理学作为分期标准，可以细分为新生儿期（指出生后至28天）、乳儿期（指出生后至1岁）、婴儿期（指1~3岁）。本教材中将0~3岁统称为婴儿期。

婴儿的每个年龄阶段都有相对稳定、独立的特点。如：新生儿期主要是适应外界生活的时期，每天都会有变化；乳儿期是需要成人生活照料较多的时期；婴儿期是学会走路、说话，开始独立活动的时期。

为了更好地表达婴儿年龄的界定，可以从下列八个方面来划分婴儿期：

1. 身体系统的生长与成熟

达到摆脱成人携带且能独立移动自身位置的能力，实现随意活动，即走、跑、跳、投、穿衣、吃饭等。

2. 神经系统的发育

神经细胞数量增长和神经联结构造基本完成，以保证婴儿随意运动的实现；大脑不同功能区域发育基本成熟，以保证言语活动的完成、愿望意向表达的顺畅和空间、方位、形象表现的准确，以及保持在不同身体位置状态下的控制能力。

3. 言语能力发展

初步掌握规范化的语法规则，如主语、谓语、宾语、状语的合理使用，具备满足基本生活所需的口语理解与表达的言语交际能力，能准确表达自己的内心感受。

4. 认知能力发展

认知能力达到在表象记忆水平之上，在动作中进行思维操作，以满足生活中的探索和搜索的认知需要，如视、听、嗅、味、触的能力。

5. 自我意识的发展

能够把自己与外界、他人区分开来，以保证客体要求和意愿的实现。

6. 情绪的发展

各种基本情绪已经具备，以保证婴儿在环境变化中的有效适应。控制自己的能力，体验不同人的心理与行为，并归纳提炼。

7. 个性的发展

个体稳定的气质特征明显定型和性格倾向的初步显露，能够用归纳提炼的心理行为不断地与不同的人交流。

8. 社会化发展

通过依恋成人、与他人交往，对新异性探索和对威胁性回避的社会技能，以保证婴儿的初步社会适应能力，逐渐学会适应和驾驭环境。

上述八个方面的发展有先有后，相互联系又参差不齐，但总体上，在3岁之内均可实现。因此，婴儿期确定为0～3岁，这是从婴儿生理和心理各子系统结构的多样性和参差不齐性上考虑的，这对于教育内容的选择、教养模式的确定和科学研究十分重要。

婴儿期的三年，其行为特征变化明显。根据婴儿期的发展过程，婴儿期一般会分为爬前、爬行、独走自如到跑跳、各项自理能力基本完成四个阶段。能力的成长与经历、感受的总量有关，每个时期婴儿活动的主题不同，其行为特征、心理过程也不同。各个时期没有准确的时间点，婴儿期大体划分为0～9个月、7～16个月、12～30个月、28～36个月四个阶段。

三、育婴师职业的发展历程

长期以来，我国许多家庭出生人口多，人们忙于满足生存的基本需求，无暇科学照顾婴儿，导致婴儿的成长处于"放养"的状态，婴儿的成长过程被社会忽略，婴儿成长的规律没有被系统地归纳和总结。

随着我国计划生育政策的实行，家庭子女的数量逐渐减少，到20世纪80年代中期，独生子女比例达到顶峰，城市达到95%，农村达到80%。当年的独生子女进入婚育之后，他们没有多少可以借鉴的育儿理论和方法。中国现有0～3岁的婴儿大约5 500万，有90%以上0～3岁婴儿在家是由父母、祖父母或保姆照料，大多数育儿的理念和方法都存在问题，这对孩子未来的发展会产生不良影响。然而家长对独生子女的成长格外关注，他们希望得到成熟的、科学的、系统的指导。

在现代信息高速发展的时代，获得育儿资讯的方式和总量明显增多，但由于文化不同、风俗习惯的差异和地理位置的多样，导致培育婴儿的方式五花八门，缺乏统一规范。进入21世纪后，专家之间的矛盾、两代人之间的矛盾、夫妻之间的矛盾、家庭教育与社会教育的矛盾、身体健康发展与早期知识教育的矛盾、现状与未来发展的矛盾等，各种育儿矛盾都表现得极其突出，面对这些前所未有的矛盾，现有的各种医疗、教育、家庭服务机构都无法有效应对。

目前我国的学历教育中还没有开设专门针对0～3岁婴儿教育的专业，使得教育人才出现严重短缺。婴儿的成长是综合的，是一个需要各方面相互影响、相互制约、相互促进、相互带动的全新领域，为解决这一社会难题，育婴师职业应运而生了。

2003年1月，原国家劳动部正式颁布了育婴师国家职业标准，标志着育婴师成为一个独立的职业。随着育婴师职业正规化的发展，育婴师社会地位的提高，从事婴儿照料和教育的人员已经形成一定规模。目前全国各地出现很多育婴师培训机构，这也推动和促进了育婴师职业师资人员的发展。

第二节　育婴师职业道德、工作守则和职业特性

育婴师是用现代教育观念和科学方法对0～3岁婴儿进行生活照料、护理和教育的专业人员，其思想观念、工作态度的正确与否和能力水平的高低，将直接决定和影响到婴儿的生长发育、教育质量和社会效果。因此，育婴师从业人员应根据国家的相关要求，结合育婴师职业的特点，遵守相应的职业道德规范。

一、育婴师职业道德

"道"是规律、原则，"德"是按照"道"而产生的行为。人的成长要按照自然的法则进行，它是不以人的意志为转移的，一个人的成长在什么时候应该得到什么样的环境教育，是由人的成长规律决定的。育婴师职业道德的核心就是了解生命，读懂生命，养护生命，强大生命。

1. 爱岗敬业，优质服务

爱岗敬业是指从业人员要热爱自己的工作岗位。优质服务就是以崇高的使命感和责任心兢兢业业地做好本职工作，以饱满的热情投入工作，认真学习和掌握相关的业务知识和工作技能。

2. 热爱婴儿，尊重婴儿

育婴师只有热爱婴儿、了解婴儿，掌握婴儿在不同年龄阶段的生理、心理和行为特点，根据婴儿的生长发育规律给予科学的教育和指导，才能使婴儿在体格、智力、情商等诸方面得到全面发展。

尊重婴儿主要是指尊重婴儿生存和发展的权利，尊重婴儿的人格和自尊心，用平等和民主的态度对待每一个婴儿，满足婴儿的合理要求。

3. 遵纪守法，诚实守信

遵纪守法是做好育婴师工作的前提，诚实守信是做人的基本。育婴师是直接为婴儿、为家长、为社会提供服务的一种"窗口行业"，所以必须用真诚的态度对待工作。无论是对婴儿，还是对家长，都要以诚相待，为他人着想，以诚实守信的道德品质赢得社会和

家长的信任。

二、育婴师工作守则

1. 认真履行工作职责，具有服务意识。

2. 平等对待每一位客户。

3. 熟悉和掌握育婴师的工作内容。

4. 宣传科学育婴、保教并重的基本理念。

5. 对客户资料进行保密，保护客户隐私。

6. 根据客户和社会有关意见，改进和提高工作质量。

7. 与育婴服务机构密切配合，为客户创造良好、方便的沟通与学习渠道。

三、育婴师的职业特性

1. 要有爱心和细心

从事育婴师职业首先应该具有爱心，甚至是母亲对孩子的那种无私的爱心。婴儿的成长是不断解决问题的过程，问题始终贯穿婴儿的成长过程，育婴工作不仅仅是照顾婴儿的身体成长，也同时关系着婴儿的心理健康成长。育婴师如果没有爱心和细心，是很难做好工作的。

2. 要掌握科学育儿的方法

婴儿成长的过程是不断适应自然环境和人文环境的过程。自然环境的特点、规律是不变的，但育婴方法可以变，要利用一切可能，创造一切条件，努力让婴儿按自然环境的规律发展，实施科学婴儿方法。现在社会的发展是快速的、跨越式的，有时是非理性的、浮躁的，作为育婴师应该避免浮躁的情绪，摒弃急功近利的思想，还原婴儿自主适应自然、适应社会的过程。

3. 要能够发现问题和解决问题

婴儿的成长是快速的、隐性的、多变的，自然环境的每一个变化都会给婴儿的成长带来挑战。育婴师应掌握婴儿每时每刻生理征候的变化，细致辨别生活中婴儿可能出现的问题和发展趋势，及时作出判断，采取实施相应的措施。

4. 要具有敏锐的心理洞察力

婴儿从出生那一刻起，就在用其所有的能量去感受这个世界的人、事、物与自己的关系，探索的过程是多维的、综合的、无休止的。作为一名育婴师就要学会判断婴儿行为产生的原因，观察婴儿行为发展的过程，关注婴儿行为与其他心理过程的相互关系，要具有较强的预测力和洞察力。

5. 要熟悉婴儿身体发展规律

婴儿的成长首先是身体的成长，如身高、体重、胸围、头围的成长，同时，身体素质也必须成长，如力量、速度、耐力、灵敏度、柔韧度和协调能力的综合成长。要让婴儿通过抬头、挺胸、坐、爬、站、走、跑、跳、攀爬、躲闪障碍的锻炼，得到全面发展。育婴师要有能力根据婴儿发展的状况，给予婴儿适当的练习，并与家长配合，在日常生活中提高婴儿的综合能力。

第三节　育婴师职业师资从业要求

育婴师职业师资是指能够结合社会经济发展和就业要求，掌握并运用现代培训理念和手段，针对育婴师职业项目，策划、制订、实施育婴师培训计划，从事育婴师培训咨询和教学活动的人员。作为一名合格的育婴师师资人员，应具备相应的职业素质、专业知识和技能，并熟悉相关的法律法规知识。

一、育婴师师资应具有的基本素质

育婴师师资应当是一个愿意讲、敢讲、能讲的培训讲师。愿意讲，就是有强烈的教学的愿望；敢讲，是对自己和上课内容充满信心；能讲，就是能把丰富的专业知识深入浅出地讲出来，做到和学员有效对接。具体来讲，育婴师培训讲师应具备以下基本素质与能力。

1. 理论联系实际的教学风格

育婴师是实际操作能力极强的职业，育婴师培训讲师在培训过程中，必须本着从实际出发的原则，以解决具体问题为着眼点，培训理论过程要以具体的案例为背景，要将理论和实际的结合贯穿培训的始终，这就要求讲师一定要熟练掌握理论的核心、本质，不断参加实践工作，到工作一线参与婴儿的喂养，把理论融入实践中不断印证，而且要反复从实践中发现问题，调整、完善育婴理论。只有这样，讲师才能在讲课的过程中通过大量的案例把理论诠释得淋漓尽致，这样的教学风格才是育婴师讲师应具备的。

2. 知识面广，实践丰富

育婴师培训的内容领域涉及很多学科，如护理学、营养学、生理学、运动学、解剖学、心理学、教育学、中医学等，作为讲师要把不断学习作为一种习惯、一种任务和一种责任。

育婴师讲师必须到实践中去，亲自带婴儿，用爱心和婴儿融为一体，耐心地接受婴儿出现的所有行为结果，细心地观察婴儿行为与行为之间的内在联系，用育婴师的方法进行干预并观察效果，用足够的恒心坚持，最终才会看到结果，不断提升自己解决问题的能力。

3. 口齿清晰，操作熟练

育婴师培训是一项传播知识、讲授方法的工作。因此，要求育婴师讲师必须口齿清晰、能用普通话进行讲授，同时还要运用好表情语言和肢体语言，给听者美的享受。

育婴师讲师面对的培训对象既包括育婴师也包括家长，育婴师需要解决婴儿成长中的各种问题。家长对于婴儿成长的知识掌握不足，手法不熟，则需要更加准确的示范，这就要求育婴师讲师具备育婴师基本技能的熟练操作能力。

4. 熟练掌握现代信息技术

育婴师讲师要充分发挥信息技术在培训教学中的作用，能够熟练操作计算机，会制作教学课件，能利用网络资源提高教学质量，运用现代远程教育网络进行终身学习。

育婴师讲师还应具备查阅资料的能力。现代科学成果不断涌现，国内外的交流日益频繁，新的思想观念的出现，新的问题的提出，都会在互联网上体现，讲师能够快速地查阅到与时俱进的资料，同时对调整自己讲课内容大有裨益。

育婴师讲师应具备利用课件进行表达能力。课件是展示培训内容的重要手段，对学习者感官的调动、思维的启迪大有帮助，如课件的立体表达，多种图形、图像、录像的插入，都会进一步增强培训效果。

5. 掌控教学的能力

育婴师讲师要有较强的组织培训能力和良好的心理素质。有效组织培训，是提高课堂教学质量的重要保证。教学中，讲师要组织引导学员集中注意力，调动激发学员学习兴趣，大胆探索问题，增强教学效果。

6. 实现培训任务与功能的能力

育婴师讲师应该做到"认真参与":"认"是认可,即对每一个学员都给予适当的关注,无论对方是否附和自己;"真"是真心,即真正地创造条件让每一个人都有机会圆满地完成课程学习;"参"是参与,即积极、有效地保证每个学员的参与;"与"是与个人成长相联系,即明确每个人的具体期望,并向他们展示这些期望如何得到满足。

育婴师讲师在实施培训时,要有导师的特质,具备专业知识和技能,以及良好的示范和表达能力。作为培训讲师,要具备传导功能,即把知识与技能传授给他人;要具备放大功能,即放大自己的能量;要具备延伸功能,即延续自己的职业生命;要具备回馈功能,即让自己得到升华。

二、育婴师师资应了解的相关法律、法规知识

1. 母婴保健法相关知识

为了保障母亲和婴儿健康,提高出生人口素质,根据《中华人民共和国宪法》的基本要求,制定了《中华人民共和国母婴保健法》,主要内容概述如下:

(1) 孕产期保健方面

1) 孕妇、产妇保健。为孕妇、产妇提供卫生、营养、心理等方面的咨询和指导以及产前定期检查等医疗保健服务。

2) 胎儿保健。为新生儿生长发育进行定期监护,并及时提供咨询和医疗指导。

3) 医疗保健机构为产妇提供科学育儿、合理营养和母乳喂养的指导。

4) 医疗保健机构对婴儿进行体检检查和预防接种,逐步做到对新生儿疾病筛查,婴儿多发病和常见病预防等提供医疗保健服务。

(2) 行政管理方面

1) 各级人民政府应当采取措施,加强母婴保健工作,提高医疗保健服务水平,积极防治因环境因素所致严重危害母婴和婴儿健康的地方性疾病,促进母婴健康发展。

2) 医疗保健机构按照国务院卫生部门的规定,负责其职责范围内的母婴保健工作,建立医疗保健规范,提高医疗技术水平,采取各种措施方便群众,做好母婴保健服务工作。

3) 从事母婴保健工作的人员,应当严格遵守职业道德,为当事人保守秘密。

2. **未成年人保护法的相关知识**

（1）未成年人享有的人身权利。人身权利是指与公民的人身不能分离的、没有财产内容的民事权利。未成年人作为公民的一部分，享有的人身权利包括生命健康权、姓名权、肖像权、名誉权、荣誉权、隐私权、受抚养权等。

（2）未成年人享有的财产权益。未成年人享有的财产权包括财产所有权、受赠权、知识产权、继承权等。

（3）未成年人享有受教育的权利。

（4）未成年人享有劳动的权利。

3. **婴儿权利公约相关知识**

婴儿权利公约是迄今为止历史上规范婴儿权利内容最丰富、最全面、最为国际社会认可的具有法律效应的文件。

（1）婴儿权利公约的基本理念。婴儿权利公约第 3 条明确规定了婴儿最大权益的原则。关于婴儿的一切行为，无论是当局、司法机关、社会服务和社会福利机构，还是家庭或是婴儿的抚养人和监护人，均应以婴儿的最大利益为首要考虑。婴儿作为人类无异于成人，应平等共享相同的价值。

（2）婴儿权利公约的四大原则

1）婴儿最大利益原则。

2）尊重婴儿生存发展权利的原则。

3）无歧视的原则。

4）尊重婴儿观点的原则。

（3）四大权利。婴儿权利公约规定婴儿的四大权利为：婴儿的生存权、婴儿的受保护权、婴儿的发展权、婴儿的参与权。

4. **劳动法相关知识**

（1）劳动者的权利和义务。劳动者享有平等就业和选择职业的权利，取得劳动报酬的权利，休息、休假的权利，获得劳动安全、卫生保护的权利，接受职业培训技能的权利，享受社会保险和福利的权利，提请劳动争议处理的权利以及法律规定的其他劳动权利；劳动者的义务包括应履行劳动合同，提高职业技能，执行劳动安全卫生规程，遵守劳动职业道德的义务。

（2）劳动就业遵循双向选择、平等就业的原则。

（3）签订劳动合同。劳动合同是指劳动者与用人单位之间确立劳动关系，明确双方权利和义务的协议。劳动合同是确立劳动关系和法律关系的形式。劳动合同内容包括：劳动合同期限、工作内容、劳动保护和劳动条件、劳动报酬、劳动纪律、劳动合同终止条件、违反劳动合同的责任等。

劳动合同的履行，应遵循亲自履行的原则、权利义务统一的原则、全面履行的原则、协作履行的原则。劳动合同的变更应遵循平等、自愿、协商、合法的原则；劳动合同的解除是当事人双方提前终止劳动合同的法律效力，解除双方的权利和义务关系；劳动合同的终止是终止劳动合同的法律效力。劳动合同订立后，双方当事人不得随意终止劳动合同。

（4）依法取得劳动报酬。

（5）依法处理劳动争议。劳动争议是指劳动法律关系当事人关于劳动权利、义务的争执。

5. 母婴健康素养——基本知识与技能。

提高我国公民健康素养水平，特别是母婴健康素养水平，普及母婴保健基本知识与技能，原卫生部印发了《母婴健康素养—基本知识与技能（试行）》，详见附件。该《基本知识与技能》分基本知识和理念、健康生活方式和行为、基本技能 3 部分共 55 条。

第二章 育婴师基础知识

第一节 婴儿生理特点

一、呼吸系统

呼吸系统以环状软骨为界，分为上下呼吸道。上呼吸道包括鼻及鼻旁窦、咽及咽鼓管、喉等；下呼吸道包括气管、支气管、毛细支气管、呼吸性毛细支气管、肺泡管及肺泡。

1. 婴儿呼吸系统各器官、部位特点

（1）鼻咽部。婴儿的鼻咽部发育尚不完全，相比于成年人，其咽部炎症更易侵入中耳，引起中耳炎。

（2）鼻。婴儿鼻腔相对短小而窄，新生儿因鼻软骨软而易弯，常见歪斜，但以后不会留畸形。鼻黏膜柔嫩并富于血管，感染时鼻黏膜充血肿胀，致使鼻腔狭窄，甚至闭塞，由于婴儿不会张口呼吸，鼻塞会导致烦躁不安、呼吸困难和抗拒吮乳。

（3）喉。婴儿喉腔窄，声门狭小，软骨柔软，声带及喉黏膜脆弱，黏膜下组织较疏松，轻度炎症也易发生喉头梗阻而出现呼吸困难、声音嘶哑，严重者可发生窒息。

（4）气管、支气管。婴儿的气管及支气管管腔相对狭窄，软骨柔软，缺乏弹力组织，黏膜极柔弱，血管多。黏液腺分泌不足而较干燥，黏膜纤毛运动差，不能很好地清除微生物及黏液，易发生感染，而炎症又可致使管腔变得更窄，从而引起呼吸困难。

（5）肺。在新生儿时期，肺泡表面积和体表面积相对较小，但代谢明显高于成人。因此肺储备功能不足，易发生呼吸衰竭。婴儿肺脏富有结缔组织，弹力组织发育差，血管丰富且含血量较多，含气量较少，故易发生感染，引起间质炎症，并易发生肺不张、肺气肿及肺后下部坠积性瘀血等。

（6）胸廓。婴儿胸廓的前后径略等于模经，呈筒状，肋骨呈水平位。胸腔较小，肺脏相对较大，加之呼吸肌发育较差，肌张力差，呼吸时胸廓运动不充分，肺的扩张受限制，气体交换不能充分进行。呼吸困难时，不能加深呼吸，只能增加呼吸次数，以改善肺内气体交换不足，但补益不大，易发生缺氧症状。以后随着年龄增长，开始站立、行走，膈肌下降，3 岁以后下降至第 5 肋，肋骨逐渐倾斜，胸部形状才逐渐接近成人。

2. 婴儿呼吸系统生理特点

（1）婴儿因代谢旺盛，需氧量高，但因呼吸生理特点，使婴儿呼吸量受到一定的限制，只有增加呼吸频率来满足机体代谢的需要。婴儿年龄越小，呼吸频率越快。新生儿每分钟呼吸频率为 40～45 次，1 岁以内为 30～40 次，2～3 岁为 25～30 次。

（2）婴儿呼吸中枢发育未完全成熟，调节能力差，易出现呼吸节律不齐，甚至出现呼吸暂停。

（3）婴儿各项呼吸功能的储备能力均较低，当患呼吸道疾病时，易发生呼吸功能不全。

（4）婴儿呼吸道的免疫功能较差，咳嗽反射及气道平滑肌收缩功能差，纤毛运动功能亦差，难以有效清除吸入的尘埃及异物颗粒。婴儿肺泡巨噬细胞功能不足，乳铁蛋白、溶菌酶、干扰素、补体等的数量及活性不足，易患呼吸道感染。

二、循环系统

1. 循环系统解剖特点

（1）心脏。人出生时心脏容积为 20～22 毫升，到 1 岁时达出生时的 2 倍，2 岁半时，增大到 3 倍。

（2）血管。婴儿由于心搏量较少，血管口径较粗，动脉壁柔软，故动脉压较低，以后随年龄增长而逐渐升高。为便于推算，1 岁以后婴儿收缩压＝（年龄×2）＋80 mmHg。年龄越小，血压越低。

2. 循环生理特点

婴儿心率较快，随年龄增长而逐渐减慢，新生儿心率平均每分钟 120～140 次，1 岁之内 110～130 次，2～3 岁 100～120 次。婴儿脉搏次数极不稳定，易受各种内外因素的影响，应在婴儿安静时测量。

三、消化系统

婴儿正处于生长发育阶段，所需要的总能量相对较成人多，消化器官发育尚未完善，如胃肠道受到某些轻微刺激，就比较容易发生机能失调。

1. 口腔

（1）婴儿口腔容量小，齿槽突发育较差，口腔浅，舌短宽而厚；唇肌及咀嚼肌发育良好，且牙床宽大，颊部有坚厚的脂肪垫。这些特点为吸吮动作提供了良好条件。

（2）新生儿及婴儿口腔黏膜非常细嫩，血管丰富，易于受伤，清洁口腔时需谨慎。

（3）婴儿出生时，唾液腺发育不完善，唾液分泌少，口腔黏膜干燥而易受损伤；唾液中淀粉酶量也低，至3个月时才能达到成人量的1/3。以后逐渐增加，5~6个月时显著增多，由于口底浅，婴儿不会及时吞咽所分泌的全部唾液，故常发生流涎。

（4）婴儿牙齿发育变化大，出生时乳牙尚未萌出，不能咀嚼食物，4~10个月时开始出牙，12个月时尚未出牙，可视为异常，最晚2岁半出齐，共20颗。乳牙的生长一般先从中间的上下两颗开始，然后是两侧。2岁之内乳牙的数目约为月龄减4~6颗。出牙时，个别婴儿可有低热、唾液增多，发生流涎及睡眠不安、烦躁等症状。

乳牙牙釉质薄，牙本质较松脆，容易被腐蚀形成龋齿。一旦发生龋齿，发展很快，在短时间就可穿透牙髓腔，引起疼痛。

2. 食管

新生儿食管下端的括约肌发育不成熟，控制能力差，常发生胃食管反流，一般在9个月时消失。

3. 胃

婴儿胃呈水平位，新生儿胃容量第一天为5~7毫升，第三天为22~27毫升，新生儿的胃壁比较僵硬，不能容纳很多乳汁，成长到3个月时为120毫升，1岁时为250毫升。由于胃容量有限，故每日喂食次数较年长儿为多。胃平滑肌发育尚未完善，在充满液体食物后易使胃扩张。吸吮时常吸入空气，称为生理性吞气症。

4. 肠

新生儿肠的长度约为身长的8倍，婴儿的超过6倍，而成人的仅为身长的4倍。婴儿肠壁较薄，其屏障功能较弱，肠内毒素及消化不全的产物易经肠壁进入血液，引起中毒症状。

5. 肝、脾

新生儿肝脏较大，成长也较快，到 10 个月时为出生时重量的 2 倍，3 岁时则增至 3 倍。婴儿肝脏再生能力强，不易发生肝硬化。

四、泌尿系统

1. 解剖特点

（1）肾脏。婴儿年龄越小，肾脏相对越重，呈分叶状，位置较低。2～4 岁时肾表面分叶消失，随着躯体长高，肾脏位置逐渐升高。

（2）输尿管。婴儿输尿管较长而弯曲，管壁肌肉及弹力纤维发育不良，容易受压及扭曲而导致梗阻，造成尿潴留而诱发感染。

（3）膀胱。婴儿膀胱位置较高，尿液充盈时易升入腹腔，随年龄增长逐渐下降至盆腔内。婴儿膀胱容量小，排尿次数多，1 岁时排尿每日 15～16 次，一般情况下，1 岁半左右婴儿可自行控制排尿。

（4）尿道。新生女婴尿道仅长约为 1 厘米，外口暴露且接近肛门，易受细菌污染。男婴尿道较长，但常有包茎，积垢时可引起上行性细菌感染。

2. 生理特点

足月儿出生时肾脏的生理功能基本与成人相似，但是储备能量差，调节机制不够成熟，在喂养不当、疾病或应激状态下，易出现不适应现象。出生后机体内环境的调节主要依靠肾脏维持，随着生理要求的提高，肾功能迅速增长，到 1～1.5 岁后肾功能接近成人水平。婴儿正常尿液为淡黄色，清亮透明，稀释的尿液几乎无色，正常新生儿可见尿浸湿的尿布略呈黄褐色。

五、骨骼和肌肉

1. 婴儿骨骼特点

（1）骨骼生长迅速。婴儿正处于身高迅速增长时期，其骨骼不断地生长、加粗。同时，骨骼外层的骨膜比较厚，血管丰富，从而有利于婴儿骨骼的生长和骨组织的再生及修复。

（2）骨骼数量多于成人。婴儿骨骼总数比成人多，主要是一些骨骼尚未融合连接成一个整体。例如，成人的骨骼是一块整骨，婴儿的髋骨则是由髂骨、坐骨和耻骨三块骨头连接在一起的，到 7 岁左右才逐渐成为一块完整的骨头。

（3）骨骼柔软易弯曲。婴儿骨骼含骨胶原蛋白等有机物多，骨骼柔软，弹性大，可塑性强。婴儿可以做许多成人无法做到的动作，如婴儿能吸吮自己的脚趾，但同时也很容易出现变形、弯曲。

（4）头部骨骼尚未发育好。婴儿的颅骨缝在出生后约 3～4 个月闭合。在颅顶前方和后方有两处仅有一层结缔组织膜覆盖，分别称前囟和后囟。前囟对边中点，连线长度出生时约 1.5～2 厘米，后随颅骨发育而增大，6 个月后逐渐骨化而变小，约到 1～1.5 岁闭合。后囟是顶骨与枕骨边缘形成的三角形间隙，出生时很小或已闭合，最迟在出生一个半月到两个月闭合。

（5）脊柱的生理弯曲。婴儿出生时脊柱是直的，弯曲是随着动作发育逐渐形成的。一般婴儿在 3 个月抬头时出现颈曲，6 个月能坐时出现胸曲，10～12 个月学走时出现腰曲。7 岁前形成的弯曲还不是很固定，当婴儿躺下时弯曲可消失。7 岁后随着韧带发育完善后，脊柱的生理弯曲才固定下来。

（6）腕骨的钙化。出生时婴儿的腕部骨骼均是软骨，6 个月才逐渐出现骨化中心，10 岁左右腕骨才全部钙化完成。因此，婴儿的手部力量小，不能拿重物。

（7）关节发育不全。婴儿关节窝浅，关节韧带松弛，容易发生关节脱臼。足弓尚未形成，婴儿的脚没有足弓。到了站立和行走时，才开始出现足弓。由于婴儿的肌肉力度小、韧带发育不完善，长时间站立、行走或负重，或经常不活动可导致脚底的肌肉疲劳，韧带松弛，出现扁平足，影响行走和运动。

2. 婴儿肌肉特点

婴儿的肌肉发育按照从上到下、从大到小的顺序进行，先发育颈部肌肉，然后是躯干，再到四肢。先发展大肌肉群，如腿部、胳膊；再发展小肌肉群，如手部小肌肉。因此，婴儿先学会抬头、坐、立、行、跑、跳等大动作，手部的精细动作要到 5 岁左右才能完成。

婴儿肌纤维细，肌肉的力量和能量储备少，肌肉收缩力较差，容易发生疲劳，不能负重，故婴儿的锻炼强度要小。

六、神经系统

1. 脑发育迅速

婴儿大脑发育十分迅速，脑重量增长很快。通常，婴儿出生时，头围约为32～34厘米，大脑质量约300～400克，大脑外观与成人十分相似。1岁时可达900～950克，6岁就接近成人水平。

2. 大脑功能发育不全

婴儿的大脑尚未完全建立起各种神经反射，所以在运动、语言、思维等各方面的能力都不及成人，需要用大量的信息刺激，来帮助婴儿建立起各种感觉通道。

3. 神经髓鞘化

髓鞘是指包裹在某些神经突起外面的一层类似电线绝缘体的磷脂类物质，它可以使人的动作更加准确。刚出生的婴儿神经细胞缺乏髓鞘，神经纤维发育较晚，外层髓鞘形成不全，对外来刺激反应缓慢且易泛化。故婴儿期外界各种刺激经过神经侵入大脑时，因无髓鞘的隔离，兴奋可传于邻近的纤维，在大脑皮层不能形成一个明确的兴奋性，因此婴儿在做许多动作时不精确。通常到3岁时完成神经纤维髓鞘化，婴儿在新生儿期后尚有很大的脑发育空间，神经细胞的胞体会增大，轴突的髓鞘化可延续至生后若干年，脑的重量不断增加，而且进一步完成脑的分化。形成复杂的神经功能网络。这一过程一直延续到5～6岁。

4. 大脑容易兴奋，易疲劳

婴儿的脑耗氧量在基础代谢状态下占总耗氧的50%，而成人则为20%。缺氧的耐受性较成人差。婴儿从出生到1岁的阶段是个体身心发展的第一个加速时期。在这个阶段，婴儿不仅身体迅速长大，体重迅速增加，而且脑和神经系统也迅速发展起来。在此基础上，婴儿的心理也在外界环境刺激的影响下发生了巨大的变化。而这种变化主要是大脑神经树突的成长与连接耗氧量加大，这种快速使大脑易兴奋，耗氧量大，容易疲劳。

5. 神经反射

婴儿具有一系列的原始反射，大脑皮层的成熟能够抑制这些反射现象。其中，有些反射行为在出生后的第一年内就消失了，而那些保护人体组织的反射，如瞳孔反射、打嗝和打喷嚏等，却不会消失。通过对婴儿反射行为的观察，可以判断婴儿皮层机能的成熟程度，断定他们神经发育是否正常。

七、感觉系统

1. 视觉

总体上，新生儿出生后即有完整的视觉传导通路，但处于初级形成阶段，随着机体的全面发育而不断完善。生理研究发现，正常新生儿在清醒状态下能够有几分钟的注视，并且注视人脸的时间长于注视一张白纸的时间。新生儿最优视焦距约为 19 厘米，且视焦距调节能力较差，因此红球在眼前 20 厘米左右时，新生儿才能发现目标，在此基础上水平方向移动红球，新生儿头可转动，目光随之转动，1～1.5 岁时可注意 3 米远的玩具。

2. 听觉

婴儿出生时，即可辨认母亲的心音和节奏，但因中耳鼓室未充气及有羊水滞留，听力较差，对强声可有瞬目震颤等反应；3～7 天听力相当逐渐加强，对声音可有呼吸节律减慢等反应。足月儿对声音的反应逐渐敏感及明确，当有声音刺激后，可中止进行中的动作，如停止啼哭等；在觉醒状态下，对声音有定向反应，如大人在耳旁柔声呼唤，头会慢慢转向发声方向，用眼睛寻找声源。

婴儿在 1 个月时能分辨"吧"和"啪"的声音；6 个月时可以区别父母的声音，呼唤婴儿时会有应答表示；1 岁时可以听懂自己的名字；2 岁时能听懂简单吩咐。

不同月龄婴儿对声音的反应列举如下：

出生到 3 个月：当突然听到 60 分贝以上的声音时，会出现全身抖动，两手握拳，前臂急速屈曲或皱眉头、眨眼、睁眼等。这个时期称为听性反射期。

4～6 个月对声音有反应。可辨别妈妈的声音，听到母亲声音，婴儿会停止活动，并将头转向声源。与婴儿说话，婴儿会用眼注视着对方。这个时期称为听性反应期。

7～9 个月：能主动向声源方向转脸，有了辨别声音方向的能力。这个时期称为定向反应期。

10～11 个月：呼唤到自己的名字能有反应，听到悦耳的音乐声，肢体会随着音乐做出有节奏的活动。这个时期称为语言反应期。

1～1.5 岁：按听到的语言能做出反应。当被问"鼻子、眼睛、嘴在哪儿"时，可用小手指出来。这个时期称为语言学习期。

1.5 岁以后：能背诵儿歌，讲婴儿故事。这各个时期称为丰富语言期或称语言学习发展期。

3. 嗅觉、味觉

新生儿出生后即存在嗅觉与味觉。当将新生儿抱在怀中时，婴儿就可以自己寻找到母乳；新生儿出生后1天，会对不同浓度的瓶水表现不同的吸吮强度和吸吮量；当舌接触苦味或酸味时会出现皱眉、闭眼、张口等不悦动作，甚至不吸吮、不吞咽，有将异味物吐出的动作；出生后5天婴儿就可以识别出自己母亲的奶垫和其他乳母奶垫的气味

4. 触觉

婴儿从出生后即有触觉存在。如：口周皮肤接触东西后，新生儿即可出现寻找动作；被触及手心和足心时，会出现手指或脚趾屈曲动作。突然暴露于冷环境，会大哭或战栗；轻轻抚摸新生儿皮肤时，会出现明显的安静或舒适感。

第二节　婴儿的心理特点

一、婴儿心理发展的特点及规律

1. 婴儿心理发展的特点

（1）活泼好动。婴儿生来就是好动的。除了睡觉，他的眼睛、鼻子、嘴巴、耳朵、手脚都在活动，两三个月大的婴儿就能在床上不停地挥手踢脚；到五六个月时，看见东西就要抓，抓了就放进嘴里；再大一点他就要推推这里、拉拉那里；会走以后，动作就更复杂了，一次玩一两个小时也不觉得累。

（2）好模仿。模仿是婴儿学习的主要途径。婴儿出生不久，就能模仿大人伸舌头，张嘴巴；半岁以后就能模仿简单的声音和动作，如挥手再见、把手指放在嘴里模仿成年人刷牙，到两岁左右的时候，能模仿更复杂的动作，如妈妈洗衣服，他也要给布娃娃洗，妈妈和面，他也要拿擀杖擀来擀去；三岁以后婴儿的模仿能力更强了。

（3）好游戏。婴儿能从游戏中放松身心，获得快乐。三四个月的婴儿会不知疲倦地躺在床上做视物远近的游戏；1岁左右的婴儿能连续十几次把球抛出去做练习游戏；两岁多的婴儿会高兴的做搭积木、娃娃家游戏，也喜欢与爸爸妈妈一起做扮演游戏。

（4）好奇。出生两三个月的婴儿眼睛就不停地转，对周围的事物非常感兴趣；五六个月大的婴儿一听到声音就要转头去找，一看到东西就要伸手去拿；七八个月至1岁左右

的婴儿，拿什么东西都往嘴里塞，心理学家称这个时期是"口欲期"。1～3岁的婴儿喜欢做推、拉、扔、抠、压等动作，例如一个2岁左右的婴儿连续开门关门25次，他对"咯吱咯吱"开门的过程很感兴趣。

（5）喜欢与别人交往。婴儿出生的头三年主要与父母交往，但事实上也开始了最初的人际交往。1岁多的婴儿就喜欢摸一摸、拉一拉同伴，或者拿玩具给同伴；2～3岁的婴儿之间，就能和同伴在一起玩平行游戏，虽然是各玩各的，但已经有了合作的基础。

（6）喜欢户外活动。户外活动满足了婴儿视觉、触觉、听觉、动觉发展的需要，丰富多变的大千世界让婴儿进入了自我发展的世界。大多数婴儿都喜欢户外活动，到门外去就高兴，在家里就不高兴。有的婴儿在外面玩，渴了、饿了都不肯回家。可是有的育婴师或家长因安全、怕受凉等原因过分地限制婴儿外出，这样长大的婴儿，往往身体孱弱、运动感觉差、适应能力缺乏。

（7）喜欢被称赞。八九个月大的婴儿就能"听懂"大人的好坏话，你表扬他，他就高兴地看着你，你若批评，他就吓得瞪着眼睛、表情呆滞；2～3岁的婴儿最喜欢"听好话"，喜欢别人的称赞。

（8）出现第一反抗期。婴儿在1.5～3岁的时候表现得比较反抗，这时期的婴儿不太听大人的话，爱发脾气，这是正常的心理现象。因为婴儿在1.5岁以后，能独立行走、双手的动作也增强了，能用语言表达自己的要求，这导致其心理活动独立性的增加，对成人的依赖减少；2岁过后，自我意识萌芽，"我"的概念逐步形成，产生了在活动中突出"我"的强烈愿望，什么事都想自己做，当这种愿望受到成人的约束时，就表现得反抗。婴儿还不懂得什么是"应该"和"不应该"，只要自己需要就力求获得满足，若被拒绝，立刻就引起他毫无道理的"逆反"。成人要平静地对待这个时期的婴儿。

2. 母婴依恋与父婴交往对婴儿心理的影响

（1）母婴依恋。婴儿在和母亲最亲近、最密切的感情交流中，逐渐建立了一种特殊的感情连接，即对母亲产生依恋关系。这种依恋关系一般在婴儿6～7个月时形成。母婴依恋的建立，有助于婴儿形成积极、健康的情绪情感，养成自信、勇敢，敢于探索的人格个性，并促进婴儿智力发育。

（2）父婴交往。近年来，父婴交往逐渐为心理学家所关注。有研究表明，父婴交往具有与母婴交往不可替代的特殊作用。首先，父亲是婴儿重要的游戏伙伴，在与父亲的游戏中，婴儿感到更大的兴奋、快乐与满足。同时，父亲对婴儿积极个性品质的形成、认知发展、性别角色的正常发展以及培养和提高社交能力等诸多方面的影响，远远超过了人们以前的认识和估计。

3. 婴儿自我意识的发展

自我意识是指人对自己及自己与他人关系的认识，它的发生和发展是一个复杂的过程。自我意识不是天生的，而是受社会生活条件制约的，是在后天的学习和实践中形成的。

初生的婴儿不仅没有什么明确的自我意识，甚至连自己的独立存在也不知道。孩子的身体和周围事物本来有明确的界限，但在孩子的意识中是模糊的、混沌的。出生后头5个月的婴儿没有自我意识，不认识自己身体的存在，所以他们吃手、吃脚，把自己的手脚当物体来玩。以后婴儿逐渐认识到手和脚是自己身体的一部分，开始出现自我感觉。5～8个月的婴儿对镜像显示有了兴趣，婴儿会注意镜中出现的某一形象，但婴儿仍不能区分自己的形象与他人形象的差异。9～12个月婴儿能够认识到自己是镜像动作的来源，能区分自我形象和他人形象。1岁左右，婴儿学会了走路，逐渐认识了自己能发生动作，如球的滚动是自己踢的，可以把自己和别人及别的物体区分开，认识到了自己能力的存在，这就是最初级的自我意识。

著名的儿童心理学家让·皮亚杰认为：1岁以内婴儿的世界是一个"没有客体的世界"，它是由"变动和不实在的'动画片'组成的，出现后又消失，不再发生……"研究认为，要到1岁左右，孩子才能逐渐明确主客体的界限，认识自己的独立存在，同时认识客体的永存性。比如，如果你当着他的面将玩具拿走，他会沿着你拿走玩具的方向搜寻它。玩具被幕布挡住后，他会揭开幕布去拿它，并不会因为玩具从视野中消失，而认为它就不存在了。这时孩子已经认识到玩具的永存性。同时也认识到他的独立存在，认识到他有能力主动去作用于客体。孩子正是从认识和体验到自己的力量，逐渐认识到自己和客体之间的界限。

1～1.5岁，随着婴儿言语的发展，婴儿知道了自己的名字，并能用名字称呼自己，这表明婴儿开始能把自己作为一个整体与自己的动作区别开。到3岁左右，孩子开始会用"我"代表自己，并用"我"表达自己的愿望和要求。如"我要吃糖""我要娃娃"等。这个时期，孩子身心发展上有几个重要成就：其一是基本上掌握了人类活动的各种大、小动作方式，使其有了独立行动，独立摆弄物品的能力；其二是初步掌握了口头言语，学会用各种基本的句子形式同他人进行语言交往；其三是积累了一定的知识经验，基本完成了智慧发展的初级阶段。这些成就使孩子有可能形成最初的自我意识。这个时期孩子在自我意识发展上最大的成就是认识到自己的独立性，不论是作为一个生物实体，还是作为一个从事人际交往的社会实体，自己都是独立存在的，区别于周围的一切客体。同时，孩子开始有一种强烈的要求表示自己的独立性的欲望。他拒绝别人的干预，希望一切都由自己干，他表示要"我自己吃""我自己走""我自己拿"等。这种要求反映了孩子对自己能力的　种自我评价，虽然评价并不成熟，也不一定准确，但它却是孩子自我意识行程中极为重要的一步。

3岁前的孩子年龄虽小，但在自我认知的基础上，在环境与各种行为的刺激下，也会产生各种自我体验，这些体验可以是积极的、健康的，也可以是消极的、不健康的。这些体验即来自于他的生存环境，也来自于他和父母、亲友的交往；既来自于与成人的交往，也来自于与小朋友的交往。因此，3岁前孩子的生活范围虽然不像大孩子那么大，但依然是比较复杂、丰富的。为了让孩子尽量多地获得积极的、健康的自我体验，成人需要做大量的工作：

一是要同孩子有良好、健康的人际交流。周岁以后，孩子逐渐有了同其他小朋友交往的要求，家长不应限制，也不应企图由自己代替其他小朋友的位置。因为两代人的交往永远都不可能代替孩子的玩伴交往，亲子关系也不可能取代玩伴关系；

二是要让孩子多一些成功的体验，少一些失败的感受，增强孩子的自信心。

二、婴儿动作发展与心理发展

运动是孩子智能发展的重要标志，通过科学引导，合理适度地活动，能培养出一个身心健康的孩子。

运动在人们的传统观念中有一种固定的模式，认为跑、跳、投、打等才是运动，其实只要引起肌肉发生变化的活动都可以称为运动。人类在整个成长过程中和运动发生的关系最多。运动除对身体进行锻炼外，还要付出更多的代价，比如战胜许多方面的困难等，因此，运动对人的认知、情感、社会行为、体形、体态、体质、体能、灵巧等方面都会产生巨大的影响。

1. 婴儿运动发展的规律

婴儿动作的发育不是杂乱无章的，而是循序渐进的，并遵循一定规律，是和大脑、脊髓、肌肉的发育密切联系的。婴儿动作具有以下发展规律。

（1）头尾规律。婴儿运动发育由头部逐渐向下发展，头部发育领先于躯干、四肢，如先能抬头，两手取物，然后会坐、直立、走路。

（2）由近到远。即离躯干近的肌肉动作先发育，然后掌握肢体远端的肌肉活动，如先能抬肩，然后手指取物。

（3）从泛化到集中、由不协调到协调。如婴儿看到胸前的玩具，表现为手舞足蹈，但不能把玩具拿到手。随着神经髓鞘的不断完善，协调能力加强，婴儿可以慢慢地准确拿到东西。

（4）正性规律。正面的动作先于反面的动作发育，例如，婴儿先学会手抓东西，以后才会放下手中的东西；先会从坐位站起，然后会从立位坐下来，先学会向前走，以后才会倒着走。

2. 婴儿动作发展的意义

（1）运动与身高。运动刺激使胫骨、股骨生长迅速而充分。

（2）运动与饮食。适度的运动消耗能够使人的消化吸收功能反射性加大，从而利于食物摄取量的增加，消化吸收充分。

（3）运动与眼睛。在运动过程中眼睛的运动方向、形式更加丰富，眼部的六块小肌肉得到的锻炼就多，能使眼睛明亮、湿润、有神、协调、有力、灵活。

（4）运动与体质。婴儿时期是形成运动健身习惯的敏感期，丰富而适宜的运动可逐步形成运动的兴趣和习惯，以预防已呈低龄化的心脑血管疾病、肥胖症。运动还可以提高心肺功能、增强免疫能力，减少季节流行病的发病率。

（5）运动与技巧。运动技巧的掌握速度取决于肌肉力量、关节的灵活性、反应速度、平衡能力，如果从婴儿时期就不断地参加运动，这几项能力都会有所提高。

（6）运动与智能。运动的过程是大脑成熟的催化过程，能促进大脑神经网络立体化发展，使神经的连接更加丰富、优化。运动促进了婴儿空间认知的发展。手的抓握和独立行走等动作的发展，可以促进婴儿空间认知的发展，运动经验在空间认知发展中具有重要影响。

（7）运动与创造。在运动的过程中，婴儿不断扩大新的活动领域，学习新的运动技能，会产生许多新的问题，在自主解决问题的过程中创造力也会得到很大的提高。

3. 运动与婴儿心理发展

运动是婴儿心理发展的源泉或前提。随着运动能力的发展，婴儿与周围人的交往从依赖、被动逐渐向具有主动性转化。动作的发展可以诱导婴儿社会交流能力的发展。

运动是婴儿心理发展的外部表现。婴儿动作的发展反映着心理的发展，通过动作的发展，可以了解婴儿心理发展的内容和水平。运动过程能增加婴儿丰富的生命体验和独特的生活感受，其中失败的体验尤为重要，可以锻炼婴儿的胆量、毅力、自信、克服困难及自控能力、协作精神。运动为缺少同伴交往的独生子女提供了游戏伙伴，培养社交技能，促进婴儿社会性发展，形成良好的个性心理品质。

第三节 婴儿营养

一、营养素知识

婴儿时期生长发育迅速，需要每天从膳食中获取营养以满足生理功能和生长发育的需要，而婴儿的消化系统、神经系统和体格发育等方面并不完善，存在营养物质的消化吸收能力不足和对营养物质需求量较大的冲突，因此，婴儿的膳食中营养物质供给不足或比例失衡将影响婴儿的生长发育。

能量的需要是所有营养素需要的基础。婴儿期能量的需要比生命其他任何时期都高。婴儿的基础代谢约是成人的 $2\sim3$ 倍。婴儿期基础代谢所需能量约占总能量的 60%，每日约需要 55 千卡/千克体重，随年龄增长逐渐减少。中国营养学会推荐，从出生至 12 个月的婴儿每日能量摄入量（不分性别）为 95 千卡/千克体重。

食物中可以被人体吸收利用的物质叫营养素，蛋白质、脂肪、碳水化合物、矿物质、维生素、膳食纤维和水是人体所需要的七大营养素，前三者在体内代谢后产生能量，故又称产能营养素。

对婴儿来说，三种产热营养素所提供的能量之间应维持一定的比例，即蛋白质、脂肪、碳水化合物所提供的能量占总能量比分别为：$12\%\sim15\%$、$25\%\sim30\%$ 及 $50\%\sim65\%$，三者简化比则为：$1:2.5:4.5$。婴儿摄食食物总能量不足将导致营养不良、对环境反应迟钝、生长停滞等，而超过需要摄食则是婴儿肥胖症的重要原因。

1. 蛋白质

蛋白质对于维持正常生长发育至关重要。婴儿随其日常活动量、生长趋势及所处环境的变化，对蛋白质的需求量也在变化，其中生长是最主要的因素；婴儿年龄越小、生长发育越快，所需的蛋白质量越多。蛋白质不足或缺乏时，婴儿会出现生长发育迟滞、免疫功能下降、发生营养不良性水肿、新陈代谢失衡等问题。在婴儿期，若蛋白质摄食量仅及所需量的 2/3、甚或 1/2，就会影响脑功能，表现在入学后常有注意力不易集中、记忆力减退，并常伴有理解障碍和学习困难。如蛋白质摄食过剩，将会增加肝肾负担，水和电解质失衡甚至发生脱水。

根据喂养食物的不同，1 岁以内母乳喂养儿每日每千克体重约需蛋白质 2.5 克，其他方式喂养的婴儿约需蛋白质 3～4 克。1 岁～2 岁婴儿蛋白质日需量约 35 克，2～3 岁婴儿的蛋白质日需量约为 40 克。

2. 脂肪

脂肪是婴儿所需能量的主要来源，植物油和动物脂肪是脂肪的主要来源。婴儿 4～6 个月是生长发育的高峰时期，膳食脂肪提供的能量应超过总能量摄入的 40％，随着年龄的增加，脂肪的供能比例应降低。因此，中国营养学会推荐，6 月龄以内的婴儿每日膳食中脂肪提供的能量比例应占总能量的 45％～50％，6 月龄至 2 岁为 35％～40％，2 岁以上为 30％～35％，必需脂肪酸为婴儿生长发育所必需，应占总能量的 3％。在脂类中，亚油酸的作用主要在促进生长发育，维持生殖功能和皮肤健康；α－亚麻酸在体内转化为 DHA 后，可促进大脑发育和维持视觉功能。婴儿缺乏必需脂肪酸时皮肤会出现严重湿疹性病变，细胞膜通透性增高，毛细血管的脆性及通透性增加，导致细胞内外水分失衡。

3. 碳水化合物

碳水化合物的摄入量与主副食结构、膳食习惯及消费水平等因素有关，日供给量通常以糖类所产生的能量占当日总能量的百分比数值来表示。6 个月前的婴儿主要碳水化合物来源是乳类中的乳糖，供能占总能量的 40％～50％。对于 2 岁以下的婴儿，因富含碳水化合物的食物体积较大，可能会降低食物的营养密度及总能量摄入，不宜依靠碳水化合物获得较多的能量。2 岁以后，随着年龄的增长碳水化合物占总能量的比例上升至 50％～60％。

碳水化合物摄入量不足，将消耗机体蛋白质以维持能量代谢，易出现营养不良、水肿等症状；过度摄入则可因能量转化为脂肪而成为肥胖症。碳水化合物所提供的能量大于总能量的 80％或低于 40％都是不利于健康的两个重要界值。

4. 矿物质

（1）钙。钙不仅是婴儿骨骼和牙齿生长发育不可缺少的，还是维持神经肌肉兴奋性的重要物质。当血钙过低时，婴儿易于哭吵和夜惊，甚至出现手足抽搐等现象。中国营养学会建议，出生后前半年婴儿钙的适宜摄入量为每日200毫克，后半年为250毫克，1~3岁为600毫克。

（2）铁。婴儿出生时体内有一定量的铁储备，从6月龄开始，婴儿需要依赖外源性铁供给来维持充足的铁营养状态。因铁供应不足导致缺铁性贫血的婴儿患病高峰年龄在6月龄至2岁之间。缺铁不仅会造成缺铁性贫血，还影响胃肠消化吸收功能和机体免疫功能，甚至造成行为和认知异常。中国营养学会建议婴儿铁的摄入量为：出生后前半年为每日0.3毫克，后半年为10毫克，1~3岁为9毫克。

（3）锌。锌是生长发育所必需的微量元素。锌缺乏的临床表现包括生长发育迟缓、食欲缺乏、嗅觉和味觉异常、皮肤易感染、伤口愈合延迟和认知行为改变等。中国营养学会建议婴儿锌的摄入量为：出生后前半年婴儿为每日2毫克，后半年为3.5毫克，1~3岁为4毫克。

（4）碘。膳食中的碘吸收后主要用于合成人体甲状腺激素。甲状腺素的作用是维持人体基本生命活动、促进体内物质分解代谢、增加耗氧代谢、支持脑下垂体的正常功能、维护脑和神经系统的正常发育，从而促进婴儿生长发育及智能发展。中国营养学会建议婴幼儿碘摄入量为：出生前半年85微克、后半年115微克、1~3岁90微克。

5. 维生素

（1）维生素A。维生素A对机体的生长、骨骼发育、生殖、视觉及免疫功能非常重要，缺乏维生素A将增加患呼吸道疾病、腹泻及麻疹的风险。维生素A可在肝内蓄积，过量时可发生中毒，故不可盲目给婴儿补充。

（2）维生素D。当皮肤暴露在紫外线下时，婴儿体内会合成维生素D。维生素D对婴儿的骨骼和牙齿的正常发育非常重要，维生素D缺乏可引起佝偻病。母乳中维生素D含量很低，完全由母乳喂养的特别是大于6月龄的婴儿，日晒不足将增加维生素D缺乏的危险。婴儿维生素D的其他来源有外源性饮食摄入或者直接给予补充剂。

（3）其他维生素。婴儿体内维生素E的浓度很低时，红细胞膜易受损伤，可发生溶血性贫血。低体重的早产儿中易出现维生素E缺乏。新生儿和6个月内婴儿对维生素K的需要量明显增加，但其肠道合成维生素K的菌群不足。低出生体重儿和早产儿最容易发生维生素 K 缺乏性疾病。B 族维生素中维生素 B_1、维生素 B_2 和烟酸能够促进婴儿的生长发育。

二、婴儿的膳食平衡

平衡膳食就是以合理的膳食结构，在营养素平衡的条件下获得最佳的生物利用效果，从而取得保健防病的效果，提高生命质量。

婴儿正处在快速生长发育的时期，对各种营养素的需求相对较高，营养搭配合理是婴儿健康成长的关键，对未来的发育和健康起重要作用。应根据婴儿生长发育规律和消化生理特点安排膳食，选择与之发育相适应的食物及其制作方法。

1. 制定平衡膳食的要求

在制定婴儿平衡膳食时，要注意以下四方面基本要求，即：品种多样，比例适当，饮食定量及调配得当。

（1）乳类在婴儿的生长过程中必不可少。乳类是优质的蛋白质和钙质的良好来源。母乳是最理想的天然食品。母乳所含的营养物质齐全，各种营养素之间的比例合理，含有其他动物乳类不可替代的免疫活性物质，非常适合于身体生长发育、生理功能尚未完全发育成熟的婴儿。母乳喂养经济、安全又方便，不易发生过敏反应。纯母乳喂养能满足 6 月龄以内婴儿所需要的全部液体、能量和营养素，0～6 月龄的婴儿提倡纯母乳喂养。为了保证婴儿正常的体格和智力发育，6～12 月龄婴儿建议每天应首先保证 600～800 毫升的奶量，1～3 岁婴儿每日应给予不少于或相当于 350 毫升的奶量，应继续给予母乳喂养直到 2 岁（24 月龄）。之后应逐渐停止母乳喂养，母乳缺乏或不足时，应首选适当的婴儿配方奶粉，或者给予强化了铁、维生素 A 等多种微量营养素的婴儿配方食品，不宜直接喂给普通液态奶、豆奶、成人奶粉或大豆蛋白粉等。

（2）及时合理添加辅食。从 6 月龄开始，为了满足婴儿不断增加的营养需要，应逐渐给婴儿添加辅食。辅食添加的原则为：每次添加一种新食物，由少到多、由稀到稠，循序渐进，逐渐增加辅食种类，由液体、半固体食物逐渐过渡到固体食物。建议从 6 月龄开始添加半固体食物（如米糊、菜泥、果泥、蛋黄泥、鱼泥等）；7～9 月龄时可由半固体食物逐渐过渡到可咀嚼的软固体食物（如烂面、碎菜、肉末），10～12 月龄时，大多数婴儿可逐渐转为以进食固体食物为主的膳食。

（3）品种多样。每种食物都有它的营养属性（有提供能量的、有功能性的、有保健性的），任何单一的食物都不能满足人体对各种营养素的需要，因而只有将多种食物合理地搭配起来，并同时进食，才能取长补短、达到合理营养的目的。也就是说，日常膳食的品种应当多样化，既有动物性食物，也有植物性食物；即膳食是由谷、豆、薯、禽、鱼、肉、奶、蛋、蔬菜、水果类、油脂类、食盐以及糖等各种调味品组合而成的混合食物。目前认为，主副食的品种每天应达到 25～30 种。

应根据婴儿牙齿发育情况，适时增加细、软、碎、烂的食物，种类不断丰富，数量不断增加，逐渐过渡到食物多样。婴儿 6 月龄后，每餐膳食安排可逐渐尝试搭配谷类、蔬菜类、动物性食物，每天应安排有水果。随着月龄的增加，逐渐增加食物的品种和数量，调整进餐次数，可逐渐增加到每天三餐（不包括乳类进餐次数）。

（4）比例适当、调配得当。为满足生理活动，机体对各种营养素的需求量自有一定的比例。由于摄入人体内的各种营养素之间存在着相互配合与相互制约的关系，如果不能保持营养素间的协调平衡，甚至不能保持各种营养物质内部之间的含量匹配，机体的正常机能就会受到不利影响。例如，蛋白质、脂肪、碳水化合物这三大产热营养素应有适宜的产热比例，即蛋白质产热量应占一日总热量的 12%～14%，脂肪产热量应占一日总热量的 25%～30%，碳水化合物的产热量占一日总热量的 55%～63%。

为建立平衡膳食，结合我国国情，婴儿膳食应当做到五个搭配：即：动物性食物与植物性食物搭配；荤菜与素菜搭配（每餐有荤菜也有素菜）；粗粮与细粮搭配（每天有细粮也有粗粮，细粮和粗粮比例大约为 7∶3）；干、稀搭配（早、午、晚有干粮、也有汤或粥），咸、甜搭配（婴儿以低盐、少食甜食为佳）。主副食品种每天有 25～30 种。除做好以上搭配外，每星期吃 1～2 次猪肝或动物血制品，每星期吃 2～3 次海带、紫菜、黑木耳等菌藻类食物，另外含钙、铁丰富的芝麻酱可作为日常调料。这样搭配，谷类、豆类、肉类、蛋类、奶类、蔬菜和水果类、油脂类都有，各种营养齐备，膳食营养也就易于达到平衡，以满足婴儿生长发育的需要。

（5）饮食定量。在注意品种多样、比例适当的同时，在一天中为婴儿安排的膳食，无论哪种食品，所食用的量必须在安全范围内，这样才不会发生营养素缺乏、也不致发生超量中毒。

1）婴儿不宜吃过咸的食物，以防钠元素超过安全量。每人每日钠摄入量应是：半岁以内婴儿 170 毫克、后半岁 350 毫克、1～3 岁 700 毫克；1 克食盐含钠 400 毫克。

2）婴儿也不宜吃过甜的糖果、点心等食物，建议每名婴儿每日食糖摄入量不超过 15

克（包括红糖、白糖、糖果及饮料中的糖分）。

3）每天足量饮水，最好饮用凉白开水，少喝含糖的饮料。过度饮用含糖饮料和碳酸饮料会影响婴儿的食欲，引起龋齿，还会造成摄入过多能量，导致肥胖或营养不良。

2. 婴儿三餐一点的膳食安排

一般来讲，断离母乳更换牛奶后的婴儿在逐渐适应各种辅食后，由于活动量增加，对能量的需求也随之增高，食物供给量也应随之增加，而进餐次数则逐渐趋向家庭一日三主餐模式。对1～3岁婴儿来说，开始是一日三餐两次点心，随后转为一日三餐一次点心的膳食模式。通常1～1.5岁婴儿仍保持上下午各睡眠一次，1.5岁以后逐步过渡到中午午睡一次，因此午间点心就可安排在睡醒午觉后。

（1）为婴儿挑选食物。家长为婴儿选择食物时首先要明确吃什么、吃多少、怎么吃。根据婴儿生长发育的阶段性及消化吸收特点，每天主副食品种可达三种或三种以上，每种的数量与年龄、体重、健康状况等有关。

（2）合理安排婴儿的零食。零食是辅助正餐的一种进食方式，对婴儿来说是一种愉悦的享受，也是一种补充能量和某些营养素的途径。零食应以水果、乳制品等营养丰富的食物为主，给予零食的数量和时机以不影响婴儿主餐食欲为宜。而偏好某种小食品、过量进食将影响正餐的摄食量、扰乱消化系统的规律活动，经常过量吃零食会导致营养失衡妨碍婴儿健康成长。家长不必排斥或拒绝婴儿的零食，而应因势利导为婴儿选择适当零食以补充婴儿生理性消耗及部分营养需要，但要避免选用含油脂高或以碳水化合物为主的食品，少选油炸、膨化食品及糖果。在零食中鼓励婴儿选食坚果、种子类如松子、花生、核桃等，选食新鲜水果、蔬果如西红柿、黄瓜类食物，小吃可选食全麦饼干、面包、红薯等。吃零食的时间最好安排在两餐之间，如上午10点前后，下午4点至晚餐之间。避免在休闲时如看电视、聊天及闲嬉时边聊、边玩、边吃。婴儿全天进食零食的量应控制在25～40克，一次或分次食用；以不影响正餐为度。不宜饮用含糖饮料。

3. 婴儿平衡膳食在家庭的实施

家庭中为婴儿制定平衡膳食时，要注意婴儿的年龄、性别、当前身高、体重和健康状况。在此基础上首先计算出婴儿所需的总能量，再将总能量分配在三餐及午点中。然后结合婴儿营养、健康状况、原来膳食模式、习惯及爱好，做出主食及副食的选择和膳食安排。如1～3岁婴儿每日所需能量，男童为900～1 250千卡，女童为800～1 200千卡。将此总能量分为：早餐占30%、午餐占40%、午点占5%及晚餐占25%。

（1）注重以食物花样品种来调动婴儿的食欲。结合婴儿的进食心理制作饭菜。为避免婴儿出现偏食、厌食现象，要尽量采用婴儿普遍感兴趣的食物烹调方式，制作色、香、味、形俱全的饭菜。如：胡萝卜和豆制品可采用不同的刀法，制成片、丝、块、卷等形状，配以带馅的面点和营养丰富的汤，形成色彩鲜明的饭菜，容易调动婴儿的食欲。

（2）重视培养良好的进食行为。良好的饮食习惯应从婴儿时期开始培养。允许7～8月龄的婴儿用手握或抓食物吃，10～12月龄时应鼓励婴儿自己用勺进食，以锻炼婴儿的手眼协调功能，促进精细动作的发育。婴儿饮食要一日5～6餐，即一天进主餐三次，上下午两主餐之间各安排以奶类、水果和其他稀软面食为内容的加餐，晚饭后也可加餐或零食，但睡前应忌食甜食，以预防龋齿。

（3）结合季节特点选择食物。夏季气温高、出汗多，应以清淡为主，多选择能够补充体内水溶性维生素 B、C 的食物，特别要注意保持水盐平衡，多吃一些西瓜之类的水果，起到清热解暑的作用。秋季可多选一些肉、蛋、奶等高蛋白、高热能的食物，多吃一些薯类和根茎类的蔬菜和甜薯、胡萝卜等，以补充维生素 A 和碳水化合物。冬季可增加一些含脂肪的食物，以促进维生素 A、D、E、K 的吸收和利用。

（4）采用适宜的烹调方式制作膳食。婴儿膳食应选用适合的烹调加工方法单独制作。应将食物切碎煮烂，易于婴儿咀嚼、吞咽和消化，特别注意要完全去除皮、骨、刺、核等；大豆、花生米等硬果类食物，应先磨碎，制成泥、糊等进食；烹调方式上，宜采用蒸、煮、炖、煨等烹调方式，不宜采用油炸、烤、烙等方式。口味以清淡为好，不应过咸，更不宜食辛辣刺激性食物，尽可能不用含味精或鸡精、色素、糖精的调味品。

（5）注意饮食卫生。选择新鲜卫生的食物原料，膳食制作和进餐环境要卫生，餐具要彻底清洗消毒，食物应合理储存以防腐败变质，培养婴儿养成饭前便后洗手等良好的卫生习惯，严把病从口入关，预防食物中毒。给婴儿的辅助食品应根据需要现制作现食用，剩下的食物不宜存放，应弃掉。

（6）多做户外活动。由于奶类和普通食物中维生素 D 含量十分有限，婴儿单纯依靠普通膳食难以满足维生素 D 需要量。适宜的日光照射可促进婴儿皮肤中维生素 D 的形成，对膳食钙的吸收和婴儿骨骼发育具有重要意义。鼓励婴儿参加适度的活动和游戏，有利于维持婴儿能量平衡，使婴儿保持合理体重增长，避免婴儿瘦弱、超重和肥胖。

三、常见婴儿营养性问题

营养性疾病是指因体内各种营养素过多或过少或不平衡，引起机体营养过剩或营养缺乏以及营养代谢异常而引起的一类疾病。婴儿获得丰富充足的营养和培养良好饮食习惯，对婴儿生长发育、预防营养性疾病、降低成人期慢性非感染疾病（如肥胖、动脉硬化、糖尿病等代谢综合征）有重要作用。但在婴儿成长过程中，常因喂养不当容易出现以下几种常见的营养性疾病。

1. 营养不良

营养不良主要是由于摄食不足或消化、吸收、利用障碍导致，使人体长期处于半饥饿状态所引起。首先，婴儿生长发育迟滞，继而导致自身组织的消耗。最先消耗的是肝脏、肌肉中的糖原，然后动用自身脂肪组织，最后动用组织蛋白质供给热量，使全身各系统、各器官的功能发生障碍。

（1）原因

1）蛋白质摄入不足。母乳不足而又未及时添加其他乳类，人工喂养时奶粉配制过稀；突然停奶而未及时添加辅食；长期以淀粉类食品为主；长期偏食、吃零食，或神经性厌食等。

2）消化吸收障碍。消化道先天畸形；消化道疾病，如慢性腹泻、过敏性肠炎等；消耗量过大，如长期发热、慢性感染等、恶性肿瘤、如早产、生长发育过快、双胎等情况营养素的需要量增加而补充不足。

（2）表现

1）体重不增或减轻，是营养不良的最初症状，皮下脂肪层不充实或完全消失；

2）个子矮小、消瘦（身高、体重、胸围大大低于同龄儿）；

3）肌肉发育不良；

4）毛发稀疏、干枯无光泽，面色发黄；

5）食欲减退，抵抗力低，极易患病，最常见是腹泻、肺炎及各种感染；

6）大便不好，有时拉稀、有时便秘；

7）情绪不稳定、哭闹烦躁、对周围事物无反应；

8）血色素低，可以出现不同程度的水肿、肝脾肿大；

9）运动功能发育迟缓，智力落后，体温偏低。

（3）预防措施

1）合理安排饮食。选择含蛋白质丰富的食品，满足婴儿身体中各种组织，如肌肉、骨骼、皮肤、神经等生长发育的需要。蛋白质含量丰富的食物有：

①奶类。牛奶、羊奶。

②肉类。牛、羊、猪肉、禽肉。

③蛋类。鸡蛋、鸭蛋、鹌鹑蛋。

④豆类。黄豆、青豆、黑豆。

⑤果类。芝麻、瓜子、核桃、杏仁。

⑥水产品。鱼、虾等。

2）辅食多样化。保证各种营养素的综合摄入，杜绝和纠正偏食和挑食。任何一种天然食物都不能提供婴儿所需要的全部营养素，只有多种食物组成的混合膳食，才能满足婴儿各种营养素需要，达到合理营养、均衡膳食、促进健康的目的。

2. 缺铁性贫血

缺铁性贫血是指机体对铁的需求与供给失衡，导致体内储存的铁耗尽，继之引起贫血。缺铁性贫血是最常见的贫血类型。铁需求量增加而铁摄入不足、铁吸收障碍、铁丢失过多均可引起缺铁性贫血，婴儿在 6 个月～2 岁时比较容易患缺铁性贫血。

（1）原因

1）孕期母亲铁缺乏或贫血：母亲孕期膳食结构不合理而患有缺铁性贫血，可使胎儿获得的铁量减少，出生后 6 个月内婴儿体内铁储备不足，而易发生缺铁性贫血。

2）先天体内储铁不足。健康母亲的正常足月婴儿体内储铁可满足出生后 4～6 个月生长需要，而早产、双胎、低出生体重的婴儿先天体内储铁不足。

3）铁摄入不足。婴儿 6 个月后仍未及时添加辅食，或不良进食习惯致食物单调，均可使铁摄入不足，进而发生铁缺乏或缺铁性贫血。

4）铁吸收减少或消耗增加。婴儿因患消化道疾病反复感染及某些慢性疾病均影响铁的吸收，使铁的吸收利用率降低。

5）铁丢失增加或吸收障碍。如肠道寄生虫病、肠息肉等致长期少量失血。

（2）表现

1）早期常有疲倦、乏力、头晕、耳鸣、记忆力减退、注意力不集中等症状，患儿面色、口唇黏膜、眼结膜、指甲苍白。

2）严重时全身皮肤苍黄明显，精神行为异常，如烦躁、易怒、异食癖；

3）体力、耐力下降，生病易感染；

4）婴儿生长发育迟缓、智力低下；

5）易发口腔炎、舌炎、舌乳头萎缩、口角皲裂、吞咽困难；

6）毛发干枯、脱落；皮肤干燥、皱缩；

7）指（趾）甲缺乏光泽、脆薄易裂，重者指（趾）甲变平，甚至凹下呈勺状（反甲）。

（3）预防措施

1）及时给婴儿添加辅食。

2）要根据婴儿的消化吸收能力，在膳食中注意补充一些含铁比较丰富的食品，如动物肝脏、瘦肉、鸡蛋、绿色蔬菜等。

3）婴儿出现精神不好，食欲差，经常乏力，面色、口唇、甲床皮肤黏膜苍白的症状，应及时到医院进行检查。确诊后要积极配合治疗，在医生指导下坚持服用铁制剂。在多吃含铁食物的同时，还应多吃些山楂片、维生素C等，以促进铁的吸收。

3. 维生素D缺乏性佝偻病

维生素D缺乏性佝偻病为缺乏维生素D引起体内钙磷代谢异常，导致生长期的骨组织矿化不全，产生以骨骼病变为特征的与生活方式密切相关的全身性慢性营养性疾病。佝偻病多见于婴儿，严重影响婴儿正常生长发育。

（1）原因

1）日光照射不足。因日光中紫外线不能通过一般的玻璃窗，婴儿长期过多的室内活动，会造成内源性维生素D生成不足。城市中的高楼建筑可阻挡日光照射，大气污染如烟雾、尘埃可吸收部分紫外线；气候的影响，如冬季日照时间短，紫外线较弱，亦可影响部分内源性维生素D的生成。

2）补充维生素D不足。因天然食物中含维生素D少，即使纯母乳喂养婴儿，若户外活动少或未补充维生素D也易患佝偻病。

3）生长速度快。婴儿尤其是早产及双胎婴儿出生后生长速度快，骨骼生长速度对钙、磷和维生素D的需求量大，且体内储存的维生素D不足，易发生维生素D缺乏性佝偻病。

（2）表现

1）初期。多见于 6 个月以内，特别是 3 个月以内的婴儿。主要为神经兴奋性增高的表现，如易激惹、烦躁、多汗刺激头皮致婴儿常摇头、擦枕，出现枕秃。此期常无骨骼病变。

2）晚期。主要是骨骼产生变化，用手指轻压颞骨可感觉颅骨内陷，称颅骨软化。此外，手腕、足踝、关节肿胀、肋骨与肋软骨接合处会肿胀，看起来呈串珠状，称肋骨串珠。严重时可能出现：囟门增大、边缘变软，头颅成方形；出牙晚，牙齿不整齐，釉质不好；说话晚、吐字不清楚等现象。

（3）预防措施

1）户外活动。家长应带婴儿尽早户外活动，逐渐达 1～2 小时/天，尽量暴露婴儿身体部位如头面部、手足。

2）维生素 D 补充。婴儿（包括纯母乳喂养儿）出生后 2 周开始摄入维生素 D400IU/天至 2 岁。

3）多吃乳、蛋、肉等维生素 D 含量多的食物。

4. 营养性锌缺乏症

锌缺乏症是指锌摄入、代谢或排泄障碍所致的体内锌含量过低的现象，是由于身体无法提供充足锌元素，造成锌缺乏而引起的各种症状。

（1）原因

1）锌需求量高但摄入不足。婴儿生长发育速度较快，对锌需求量很高，但往往因饮食搭配不合理，造成锌摄入量不足。

2）以植物性食物为主，动物性食物摄入不足。锌主要存在于动物性食物中，我国家庭中多以植物性食物为主，而且植物性食物中的草酸、植酸、纤维素等严重干扰锌的吸收。

3）经常吃精细加工的食品，导致锌损失过多。

（2）表现

1）早期典型表现是生理性生长速度缓慢，严重者可出现侏儒症。

2）锌缺乏的婴儿易患各种感染性疾病如腹泻、肺炎等。

3）缺锌使婴儿的免疫功能受损，补锌后各项免疫指标均有改善。

4）缺锌后，创伤、瘘管、溃疡、烧伤等愈合困难，锌治疗有助于伤口的愈合可促使烧伤后上皮的修复。

5）锌有助于性器官的正常发育，锌缺乏时，会造成性器官发育不良。

6）缺锌还可表现为异食癖、暗适应减慢等。

（3）预防措施。

1）母乳中含锌量较高，提倡母乳喂养，对预防锌缺乏性疾病有益。

2）锌在鱼类肉类、动物肝肾中含量较高。多食用含锌高而且容易吸收的食物，如牡蛎、鱿鱼、红色肉类、动物肝脏；奶品及蛋品次之；水果、蔬菜等含量一般较低。

3）尽量避免长期吃精制食物，饮食注意粗细搭配。

4）已经缺锌人群必须选择服用补锌制剂。

第四节　婴儿大脑潜能开发

大脑是人体最重要的器官，控制着身体的每个部分，是人体所有器官的主宰。大脑是人各项智能的总指挥，是人进行认知、记忆、计算、分析、思维、想象等一切智力活动的场所，也就是说发育健全的大脑神经系统是智力发展的物质和生理基础。

以大脑神经系统发育为主线，婴儿的情感、智力、体能三方面的发育被有机地联系在一起，没有大脑神经系统的正常发育，任何智力的、体力的、情感的发育都是没有基础的。要想培养一个健康聪明的婴儿，就要设法促进大脑功能的发育健全。

一、大脑的关键期教育

1. 关键期的含义

关键期理论的基本含义是：某段时期是动物（包括人类）某种机能发育和人类的某种行为、技能和知识掌握的关键时期，如果在这一时期受到适当的刺激，则该机能就会得到良好发育。对人类而言，如果在这个时期施以正确、及时的教育，人就能轻松高效地学会某种技能或学到某种知识，达到事半功倍的效果，一旦错过这个时期，则该机能就会退化甚至封闭，以后即使花再多的时间和精力也很难恢复甚至根本不能再恢复这一机能。

2. 关键期教育的重要性

人类的各种能力与行为存在着发展关键期的现象是与人的脑功能与大脑的组织结构

的发展和成熟相吻合的，也就是说关键期的存在是人的大脑发展规律决定的。

根据关键期理论，如果在某种能力发展关键期能进行科学系统的训练，相应的脑组织就会得到理想的成熟发展，如果错过了对一些脑功能和脑结构发育关键期的相应训练，会使一些脑组织造成难以弥补的损失，如果发育不足便会带来脑功能的发展局限，外在表现为，人的一些能力和个别行为发展不足或落后。

婴儿只有一次脑的发育。在婴儿早期，神经系统总是那样神奇、快速、不可思议、高效率地发育变化着。如能抓住时机，加以科学化教育，便能创造婴儿无限的智慧。反之，如果忽视早期教育，定会酿成婴儿和家长的终身遗憾。在婴儿成长的过程中，一旦错过了大脑发育关键期的开发，脑组织结构就会趋于定型，潜能的开发就会受到限制，即使有优越的天赋，也无法获得良好的发展。

认识人类心理发展的关键期是重要的，是开发人类潜能、培养高素质人才的开始。然而更重要的是要创造设计出一套科学、系统、操作性强、适应性广的针对关键期的训练方法。但是如果使用不科学的训练方法，在关键期反而会造成更大的副作用。

3. 促进婴儿大脑构建

早期教育的目的就是在婴儿脑功能发育的关键期，使大脑中控制人类基本智能的主要构造（皮质层的神经中枢）在其发育关键期强大起来。

人的智力发达程度不是由神经元的数量多少决定的，而是由神经突触的连接方式和神经网络的优质与否来决定。而脑的神经网络形成的物质基础是突触，突触具有强大的可增长性。

因此，强调早期刺激、关键期的智力开发，其目的就是使大脑突触形成优质神经网络。在丰富的环境下，给予各种感觉信息刺激，可使大脑中运动皮层和视觉皮质树突长度增加，树突分枝增多；视觉皮质形成新的血管以满足脑组织代谢的增强、能量需求的增加。环境刺激可使人的感觉运动功能和学习记忆能力增强。

人类的运动、语言、用手、视觉、听觉、触觉、前庭平衡、本体感等功能是人类大脑皮质所产生的人类特有功能，早期教育就是要把决定人的生命质量和学习能力的重要智能，在婴儿脑发育的关键期经过科学系统的训练，使其得到均衡、理想的发展。

早期教育的方式是：通过感觉—动作—语言统合训练游戏来编织大脑的智慧网络，即通过感觉—动作统合游戏开发大脑的各种功能和学习能力，而不是教授技巧和知识。感觉运动能力的训练是婴儿时期进行游戏活动、开发智力最好的方法和最有效的途径。

婴儿智力发展的最初阶段是通过感觉器官（眼、耳、鼻、舌、皮肤等）来实现的。整个婴儿期基本上都是靠直接感知来认识世界的，没有感知，就谈不上记忆、思维、想象、创造等。

脑的可塑性指的不是神经细胞的再生，而是指由于突触的再生而造就的神经网络的巨大潜力。正是神经网络的强大的可塑性，才使得人类的各种高级心理活动以多层次、按系统运作的复杂方式和谐地进行，并造就了人脑功能的千差万别，从而也使得人的能力和个性千差万别。

二、"六优八维"和"WMV"法则

婴儿生理、心理发展是一个多成分（多子系统）多层面的系统工程，各子系统的各层面的发展是不同步的，它们互相促进，但又参差不齐。心理的各子系统在对其他子系统或对整个系统的影响作用的重要程度也不尽相同。例如，1 岁前，情绪的发展可能起着主要作用；1～2 岁间，显示运动能力，继而是言语能力的发展起重要作用；3 岁后的一段时期，思维的发展最为重要，而 4 岁以后社会交往将起主导作用。在每一时期，当那些起重要作用的新质成分明显出现并稳定下来时，就在整体系统上显示了鲜明的作用。

"六优八维"法则是由郭建国教授借鉴了国内外多位各领域专家的研究成果，跟踪数百名婴儿从 0～12 岁的课题实践中总结出来的，是运用婴儿心理学、逻辑学、训练学、特殊婴儿心理学、儿科、心理咨询、中医学等知识，建立的一套针对 0～3 岁婴儿发展的理论框架。运用"六优八维"理论框架和"WMV"理论模式培养出的孩子具有身体强壮、性格开朗、动作灵活、活泼能动、眼睛有神、表情丰富、语言准确流利、自理能力强等特点。

六优即优种【zhǒng】、优种【zhòng】、优孕、优生、优育、优教。研究发现生命从时间概念上，每一个环节和下一个环节之间都有着不可分割的内在联系，每个环节成长的质量都决定着下一个环节的质量，它们形成了非常明显的因果关系。通过对婴儿连续 12 年的跟踪，经过反复论证和社会的对照组比较，形成了一个维度的理论体系。近些年，对婴儿的研究越来越细化，发现一个维度不能诠释人的综合发展。对人的能力体系进行分析，对已经成功的人士进行追踪研究，提出了生命质量体系中的 8 个主要方面，这 8 个方面有 4 个是物质的（体形、体态、机能、素质），另外 4 个是精神的（神态、性格、脑功能、社会能力）。

1. "六优"法则

（1）优种【zhǒng】。在怀孕之前（结婚之前）男女双方要养成良好的饮食习惯，保持营养的均衡、良好的生活规律、良好的身体状态，戒除不良的嗜好、注意锻炼身体，保持心态的平和，将身体的状态调整比较舒适的状态，保证身体每一个部位的功能强大，当然精子卵子的质量也达到最高。在性生活方面夫妻双方要有情感的沟通，感受的交流，方式方法的适应，形成规律的夫妻性生活模式。

（2）优种【zhòng】。在身体做好准备的基础上要设定框架性的怀孕计划，不能顺其自然。男女双方要对自己的身体状况有一个了解，确保精子、卵子的质量在一段时间的优化。每次的性生活尽量达到夫妻双方身体和精神兴奋的同步状态。注意不能刻意追求怀孕的具体时间，否则会产生心理焦虑，不利于受孕。

（3）优孕。怀孕分成两个阶段，发现怀孕前和发现怀孕后。做好前期的计划可以最大限度预防没有发现怀孕这一个多月的胎儿安全，尽量避免不当的心理情绪的起伏，有伤害食物的摄入。发现怀孕后要逐步提高母体体内的营养和心理环境质量，适度加强运动以提高食欲，不断调整饮食，安全度过妊娠反应期。注意保持室内空气新鲜，温度、湿度适中，尽量远离噪音，室内布置要有新鲜感，定期调整。心理情绪环境调整，可以通过心理胎教、运动胎教、营养胎教、音乐胎教等能使自己的生活、工作方式丰富并形成规律，保持情绪相对稳定是重中之重。

（4）优生。自然分娩长期以来都是人类繁衍的主要方式，它是物种发展壮大的保证。自然分娩胎儿将获得一次也是唯一的一次均匀、有力的挤压，也是胎儿帮助妈妈检验自我能力的展示过程，这样均匀有力的按摩梳理将给婴儿的一生带来无限的益处。随着现代医学技术的发展，剖宫产变得成熟简单。剖宫产是为了产妇胎儿生命健康的一种补充手段，是无奈之下的特殊行为，不能代替自然分娩成为主要分娩方式。

（5）优育。优育是婴儿早期成长的重中之重，可保证婴儿的身高体重、胸围、颅围的形态指标和脏腑的功能指标及身体的素质指标得到良好发展，所以要保证婴儿每个阶段饮食的营养尽量全面适度，使消化吸收更加合理有效。顺四时而知寒暑，根据季节、天气的变化合理选择穿衣、盖被，预防疾病发生。

（6）优教。人类的教育是多阶段的，分成出生～1.5岁、1.5岁～3岁、3～6岁、7～12岁等若干个阶段，而第一、第二个阶段的教育方式与其他阶段的教育方式有很大的不同。优化这个年龄阶段是育婴行业非常重要的工作。0～3岁的年龄阶段是人生大厦打基础的阶段，这个年龄阶段以感觉学习为主（视觉、听觉、嗅觉、味觉、触觉、本体感觉），这个阶段的教育方式呈现出多信息、多渠道、立体化的特点。

2. "八维"法则

（1）体型。体型是婴儿时期雕塑的重要因素，需要通过合理育儿方法，避免出现体形上的缺陷，如肥胖、身材矮小等。

（2）体态。体态是体形动态变化的状态，受肌肉力量、身体平衡的影响，婴儿期身体力量练习、身体姿态的多变是形成一生优雅体态的重要因素。

（3）机能。机能是身体各个脏腑自身功能的强大和相互之间配合的流畅度。强大而配合流畅的脏腑功能可支持身体健康的成长，减少疾病的发生，获得更多营养物质，成为人类生活、工作、学习的原始动力。

（4）身体素质。身体素质是人体肌肉活动的基本能力，是人体各器官系统的机能在肌肉工作中的综合反映。身体素质一般包括力量、速度、耐力、灵敏度、柔韧性等。一个人身体素质的好坏与遗传有关，更与后天的营养和体育锻炼的关系密切，婴儿通过正确的方法和适当的锻炼，可以稳步提高身体素质水平。

（5）神态。神态是面部肌肉工作的状态，是人所有内心世界情感的表达，它以眼睛的工作为核心。神态在人类发展中随着生长环境变化差距较大，"神采飞扬"的人一生获得成功的概率非常高，获得家庭幸福更容易。积极的身体体验可使婴儿表情肌尽早尽快得到启迪，通过眼睛、表情的变化与不同的人进行形式多样、深层次交流，是人类愉快生活的根本。

（6）性格。性格是一种与社会相关最密切的人格特征，它对人生的影响维度极大，而婴儿阶段适时、适度的心理刺激对未来性格发展影响很大。

（7）脑功能。脑功能是人一生身体健康、生活快乐、学习优秀、幸福成功的内在力量，脑功能的强大来源于脑神经的结构复杂且稳定，传递信息速度与质量，而脑结构的复杂源于视觉、听觉、嗅觉、味觉、触觉、运动觉六大感官的信息总和，来源于信息的强度和密度。只注意某一方面的发展而忽视其他方面的发展会使大脑发展偏颇不平衡，影响人进入社会工作后的成功。

（8）社会能力。社会能力是人生在社会实践中的适应能力和驾驭能力，它源于前七个内容的总和，受制于前七个方面的水平。

"六优八维"法则是希望成人站在生命全面整体发展的角度，在生命的不同阶段进行干预和教育，对生命全面的发展负责。

3. "WMV" 法则

在婴儿成长中，常用的婴儿智能发育测评主要从五大领域进行，即大动作、精细动作、认知能力、语言能力和社会行为。在长期的跟踪测评过程中发现，婴儿发育有如下4种类型：

（1）W 型（见图 2—1）。活泼均衡型，这类型婴儿大动作、认知能力、社会行为发展较快，精细动作和语言能力发展相对较慢。性格比较外向，活泼好动，对新环境适应比较快，又能安静的探索，表情有大笑、微笑、严肃、沉思、观察、思考比较均衡的交替进行，相对好管理，相对独立性比较强。

（2）M 型（见图 2—2）。安静型，这类型婴儿精细动作和语言能力发展较快，大动作、认知能力、社会行为发展相对较慢。对运动不是特别的喜欢，玩也行不玩也行，安静时间比较长，喜欢自己玩玩具过家家，说话相对早，对新环境有较长的适应时间，表情大笑不多，高兴会有微笑，观察思考时间较长，外出常常让家长抱着，不喜欢生人亲密的接触，独自玩比较多。

图 2—1　W 型

图 2—2　M 型

（3）V 型（见图 2—3）。运动交往型，这类型婴儿大动作、社会行为发展较快，认知能力精细动作和语言能力发展相对较慢。性格很外向、活泼非常好动、对新环境几乎没有不适的感觉，很少安静，表情上大笑、微笑多，观察、思考比较少，很少严肃、沉思，沉浸在自娱自乐的世界里、不好管理、独立性强。

（4）倒 V 型。学习型，这类型婴儿认知能力发展较快，社会行为、大动作、精细动作和语言能力发展相对较慢。可以长时间安静，不喜欢动，对外部环境不喜欢，长时间关注一件喜欢的事，观察、沉思时间很长，几乎没有大笑，偶尔微笑，外出常常希望被抱着，拒绝不熟悉的人抱。

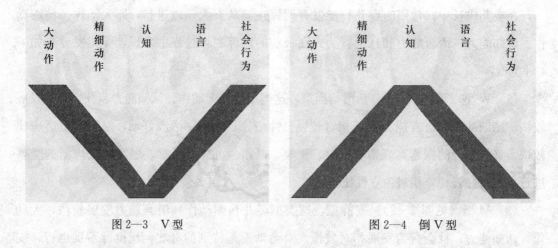

图2—3　V型　　　　　　　　　　　　图2—4　倒V型

通过对300名不同类型的婴儿进行长期跟踪研究，发现这四种类型的婴儿在不同时期神经发育测评有其明显的不同：W型V型两组活跃的孩子长期发展后力比较足；M型、倒V型两种比较安静的孩子，早期的发展有优势，长期的发展过程中缺乏后劲。这个研究对婴儿成长的教育方式方法有一定的参考价值。

第五节　中国传统医学与婴儿成长

中国传统医学认为：人类只有亲近大自然，与大自然和谐相处，才能在这个宇宙时空中健康地生存和发展。人体要靠天地之气提供的物质条件而获得生存；人们要适应四时阴阳的变化规律，才能发育成长得更好。人体的五脏生理活动，必须适应四时阴阳的变化，才能与外界环境保持协调平衡。

一、一年四时规律对婴儿的影响

1. 春夏秋冬四季对婴儿成长的影响

一年四季的气候是不同而有规律的，婴儿的活动应与四季的变化相顺应，这样才能使婴儿更好地成长。

（1）春主升发，春舒肝气。春气主动，春天冬眠的生物开始复苏，人体的能量也开始涌动，婴儿应多到室外活动，春季是长身体较快的一段时间。

（2）夏主养心，夏季阳长。夏天炎热，适度的活动和接触阳光，有利于阳气长养，但不能让婴儿大汗淋漓。汗为心液，血汗同源，过多出汗伤血。

（3）秋主养肺，秋季阳收。秋燥伤肺，肃降不利，加之婴儿纯阳之体，本身就易内热，所以易引发咳嗽，肺炎等。适当保持空气湿润，忌吃温热性食物，以防秋燥。

（4）冬主收藏，冬防寒气。冬天草木停止生长，树木落叶，草则枯黄，营养和能量藏到根部休养生息，以待来年春生。冬季养"藏"，婴儿要减少剧烈活动，以防扰动阳气。

2. 一日四时规律对婴儿成长的影响

春生、夏长、秋收、冬藏，是气之常也，人亦应之。一日可分为四时，朝则为春、日中为夏、日落为秋、夜半为冬。即3—9点为日春，9—15点为日夏，15—21点为日秋，21—3点为日冬（见表2—1）。

表2—1　　　　　　　　　　24小时对应二十四节气表

24小时	二十四节气	一日四季	24小时	二十四节气	一日四季
3点	立春		15点	立秋	
4点	雨水		16点	处暑	
5点	惊蛰		17点	白露	
6点	春分	日春	18点	秋分	日秋
7点	清明		19点	寒露	
8点	谷雨		20点	霜降	
9点	立夏		21点	立冬	
10点	小满		22点	小雪	
11点	芒种		23点	大雪	
12点	夏至	日夏	24点	冬至	日冬
13点	小暑		1点	小寒	
14点	大暑		2点	大寒	

（1）日春主生。日春阳气生，在太阳的引力下，人的阳气也随之上升，婴儿适当运动，可吃助长阳气补气的食物，有利于生发阳气，所以古人语有"一日之计在于晨"。

3点立春。春主动，春主生。婴儿为纯阳之体，阳气比较足，3点相当于立春，在阳气的作用下，部分婴儿开始醒，蠢蠢而动，所以3点后婴儿常常翻身，打转，甚至啼哭。

5点惊蛰。人的阳气从5点惊蛰开始起来，婴儿5点起床适当活动可以生发阳气，

5 点不起，阳气生发不利，郁而生热。

7 点清明。清明节气天清地明。头为天，脾胃为地，早上早起阳气生发，在阳气的作用下人的大脑空明，脾胃在阳气的推动下蠕动有力，消化吸收好。

（2）日夏主长。日夏阳气长养，婴儿适当的接触阳气，可以晒后背，腹为阴、背为阳，晒后背有利于阳气的盛长。

（3）日秋主收。日秋时太阳逐渐落山，人的阳气也由长开始转入收的格局，此时婴儿应该减少活动，吃滋阴降热的食物，有助于阳气收敛，日秋阳气收不好，日冬婴儿易燥热、出汗。15 点立秋，有内热的婴儿可以在 15 点吃水果粥、百合银耳粥等滋阴降热的食物，泻火不泄气。

（4）日冬主藏。21 点立冬。冬主藏。日冬太阳完全落山，人的阳气也开始进入藏，婴儿日冬不宜做剧烈活动，以防扰动阳气，如果活动以不出汗为好，婴儿日冬有个好睡眠，日冬睡眠有利于阳气潜藏，以抗阴寒。

二、子午流注对婴儿成长的影响

子午流注的规律表明每日的 12 个时辰是对应人体 12 条经脉的。由于时辰在变，因而不同的经脉在不同的时辰也有兴有衰。人的生活习惯应该符合自然规律。把人的脏腑在 12 个时辰中的兴衰联系起来看，环环相扣，十分有序，见表 2—2。

表 2—2 　　　　　　　　十二经络语十二时辰、一日四季的对应关系

十二经络	十二时辰	北京时间（24 时）	一日四季
肺经	寅时	3—5 点	
大肠经	卯时	5—7 点	日春
胃经	辰时	7—9 点	
脾经	巳时	9—11 点	
心经	午时	11—13 点	日夏
小肠经	未时	13—15 点	
膀胱经	申时	15—17 点	
肾经	酉时	17—19 点	日秋
心包经	戌时	19—21 点	

续表

十二经络	十二时辰	北京时间（24时）	一日四季
三焦经	亥时	21—23 点	
胆经	子时	23—1 点	日冬
肝经	丑时	1—3 点	

1. 肺经

寅时（3—5 点）肺经最旺。寅时睡得熟，色红精气足。"肺朝百脉"，肝在丑时把血液推陈出新之后，将新鲜血液提供给肺，通过肺送往全身。所以，人在清晨面色红润，精力充沛。寅时，婴儿有肺病者反应最为强烈，如因剧咳或哮喘而醒。

2. 大肠经

卯时（5—7 点）大肠经最旺。卯时大肠蠕，排毒渣滓出。"肺与大肠相表里。"肺将充足的新鲜血液布满全身，紧接着促进大肠进入兴奋状态，完成吸收食物中的水分和营养，排出渣滓的过程。清晨起床后最好排大便。

3. 胃经

辰时（7—9 点）胃经最旺。辰时吃早餐，婴儿在此时段吃早餐最容易消化，吸收也最好。早餐可安排温和养胃的食品，如稀粥、麦片、山药、小米粥等。过于燥热的食品容易引起胃火盛，出现嘴唇干裂、口腔溃疡等。婴儿唇红唇干便干者，辰时可以吃点苹果粥、香蕉粥等降胃热，有利胃肠通降。

4. 脾经

巳时（9—11 点）脾经最旺。"脾主运化，脾统血。"脾是消化、吸收、排泄的总调度，又是人体血液的统领。"脾开窍于口，其华在唇"，脾的功能好，消化吸收好，血液质量好，所以嘴唇是红润的。唇白标志血气不足，唇暗、唇紫标志寒入脾经。婴儿消化吸收不好可于巳时适当吃点山药羹等食物。

5. 心经

午时（11—13 点）心经最旺。午时一小憩，安神养精气。"心主神明，开窍于舌，其华在面"。心气推动血液运行，养神、养气、养筋。婴儿在午时能睡片刻，对于养心大有好处，且面色白亮、有光泽。婴儿舌尖有溃疡是心火上炎，可以午时吃点滋阴降热的食物。

6. 小肠经

未时（13—15点）小肠经最旺。未时分清浊，饮水能降火；小肠分清浊，把水液归于膀胱，糟粕送入大肠，精华上输于脾。小肠经在未时对人一天的营养进行调整。如小肠有热，婴儿小便黄赤。

7. 膀胱经

申时（15—17点）膀胱经最旺。申时津液足，养阴身体舒；膀胱贮藏水液和津液，水液排出体外，津液循环在体内。若膀胱有热可致膀胱咳，且咳而遗尿。申时人体温较热，阴虚的人最为突出。婴儿发烧膀胱经旺时表现最明显。此时适当的活动有助于体内津液循环，喝海带汤或猕猴桃汁对阴虚内热发烧的婴儿较为有效。申时为一天之日秋，秋主收，适当吃滋阴降热的食物，有利阳气收敛，如苹果、香蕉、梨、藕等。不宜吃热性食物如枣、樱桃、桂圆、虾、鸡肉等不利阳气藏。

8. 肾经

酉时（17—19点）肾经最旺。酉时肾藏精，"肾藏生殖之精和五脏六腑之精，肾为先天之根"。人体经过申时泻火排毒，肾在酉时进入贮藏精华的阶段。此时不适宜做太强的运动，也不适宜大量喝水。肾主藏，婴儿此时不要剧烈活动，动则阳生，剧烈活动扰动阳气，不利肾的藏养，阳气藏养不住，化热为火，到了晚上婴儿就睡觉不实，容易蹬被子、盗汗。

9. 心包经

戌时（19—21点）心包经最旺。戌时护心脏，减压心舒畅；心包为心之外膜，附有脉络，气血通行之道。邪不能容，容之心伤。心包是心的保护组织，又是气血通道。心包经戌时最兴旺，可清除心脏周围外邪，使心脏处于完好状态。婴儿晚饭吃过多，食物消化不动，容易形成内热，热入心包，扰动心神，睡眠有梦，喜欢趴着睡，好翻身，心烦。

10. 三焦经

亥时（21—23点）三焦经最旺。亥时百脉通，此时入睡，则百脉皆可得到休养。三焦通百脉，养肝藏血，是细胞更换最快的时间，婴儿亥时睡眠，有利于新陈代谢，除旧生新。三焦是六腑中最大的腑，具有主持诸气，疏通水道的作用。

11. 胆经

子时（23—1点）胆经最旺。"肝之余气，泄于胆，聚而成精"。人在子时前入眠，胆方能完成代谢。"胆汁有多清，脑就有多清"。子时前入睡者，晨醒后头脑清晰、气色红润，没有黑眼圈。反之，常于子时内不能入睡者，则气色青白，眼眶昏黑。同时因胆汁排毒代谢不良更容易生成结晶、结石。婴儿子时不睡，胆火上行，容易烦躁。

12. 肝经

丑时（1—3点）肝经最旺。"肝藏血，人卧则血归于肝"。如果丑时不能入睡，肝脏还在输出能量支持人的思维和行动，就无法完成新陈代谢。所以丑时前未能入睡者，面色青灰，情志怠慢而躁，易生肝病，脸色晦暗长斑。丑时阳气虽然生发，但是还不是足够强大，所谓"欲扬先抑"，这个时候一定要有好的睡眠，第二天的阳气才能有一个较好的状态。"肝"为体阴用阳，主藏血，主疏泄，这个时候如果长期得不到较好的睡眠，就会扰动阴血，生内热，耗血伤津。肝开窍于目，眼睛得不到足够的气血的滋养，婴儿就容易形成近视眼，或者弱视等。丑时不睡，婴儿血中之毒得不到疏泄，婴儿易形成眼袋鼓垂，肝主怒，肝疏泄不好，脾气急躁。

三、阴阳属性对婴儿成长的影响

1. 阴阳的概念

阴阳最初的含义是指日光的向背而言。朝向日光则光明、温暖，为阳；背向日光则黑暗、寒冷，为阴。

2. 阴阳的属性（见表2—3、表2—4）

凡是运动、外向、上升、温热、明亮、兴奋的即为阳；

凡是静止、内守、下降、寒冷、晦暗、抑制的即为阴。

表2—3　　　　　　　　　　　　　　　常用阴阳属性举例

阳	天	日	火	左	上	昼	春夏	温热	明亮	运动	向外	上升	兴奋
阴	地	月	水	右	下	夜	秋冬	寒冷	晦暗	静止	向内	下降	抑制

表2—4　　　　　　　　　　　　　　　中医人体的阴阳属性

属性	人体结构				生理功能					
阳	男	体表	六腑	背	气	呼	宣发	升清	温煦	生长	心肺
阴	女	内脏	五脏	胸	血	吸	肃降	降浊	滋润	衰老	肝肾

3. 阴阳的辨证及应用

表里、寒热、虚实都是疾病中所表现的一组组既对立而又统一的正反现象，对这些正反现象，传统医学用阴阳来加以概括。从每组正反两方面对立的意义来说，表证、热证、实证可归属于阳证范畴；里证、寒证、虚证可归属于阴证的范畴。因此，一切病症都可以归之为阴证或阳证的大原则中。

（1）阴证。婴儿面色暗淡，精神萎靡，身倦肢冷，气短懒言，口不渴，尿清便溏，舌淡。阴证则寒，面对婴儿出现此类情况，可以让婴儿吃些偏温热性食物，以纠正这种阴证。如枣、姜、虾、鸡肉等。

（2）阳证。婴儿面红身热，躁烦，喘气粗，口渴，喜吃冷物，尿赤便干，苔黄。阳证则热，可以给出现这类情况的婴儿吃些偏滋阴降热的食物，如百合、银耳、梨、藕汁等。

第三章 婴儿日常生活照料

第一节 婴儿喂养

世界卫生组织与联合国婴儿基金会共同制定的"婴儿喂养全球战略"明确指出，生命的最初6个月应对婴儿进行纯母乳喂养，之后添加辅食并继续母乳喂养至2岁或以上。按照喂养的情况，可分为纯母乳喂养、部分母乳喂养、配方奶喂养（人工喂养）。

一、纯母乳喂养

在6个月内，完全喂哺母乳可以提供婴儿所需要的全部营养及水分，除母乳外，无须给婴儿添加水、果汁等液体或固体食物，以免减少婴儿的母乳摄入，进而影响母亲乳汁分泌。

母乳喂养具有免疫和营养两方面的价值，母乳专为宝宝量身定制，母乳喂养为婴儿拥有健康的体魄奠定了坚实的基础，可让婴儿少受疾病的侵袭。母乳能够改变婴儿机体对抗疾病的方式，这种效果在断奶后仍然长期存在。母乳中含有的促进生长的因子，能适应宝宝快速生长变化的特点，母乳中营养成分99％都可以被宝宝身体吸收，是新生儿最好的营养品。

1. 母乳的成分

母乳是非常特殊而且复杂的营养液体，母乳含有几百种营养成分，有些营养成分是牛奶和其他奶类中所没有的，母乳中的活性物质是配方奶不具备的，有的甚至是用化学方法也无法合成的，母乳与代乳品的营养对比见表3—1。

表 3—1   母乳和代乳品的营养对比表

营养组成	母乳	代乳品	评 价
脂肪	①富含大脑发育的 DHA 脂肪 ②可自动根据婴儿需要调节，随着婴儿年龄增大而下降 ③富含胆固醇 ④几乎可被完全吸收 ⑤含有必需脂肪酸和脂肪酶	①没有胆固醇 ②没有脂肪酶	脂肪是母乳中最重要的营养，代乳品没有胆固醇和 DHA，这些对身体及大脑发育有重要帮助的养分
蛋白质	①含有易于消化的乳清蛋白 ②大多数可被人体完全吸收 ③对肠健康有益的乳铁蛋白 ④溶菌酶，抗微生物物质 ⑤富含对有身体和大脑发育有重要作用的蛋白质 ⑥富含生长因子 ⑦含有人体必需氨基酸	①难于消化的酪蛋白 ②很少能被完全吸收，大多成为废物，对肾造成负担 ③没有乳铁蛋白或含量极少 ④无溶菌酶 ⑤缺少和低含量对身体与大脑发育有重要作用的蛋白质 ⑥缺乏生长因子 ⑦不含氨基酸	婴儿对母乳所含的蛋白不过敏
碳水化合物	①富含乳糖 ②富含可以改善肠健康地低聚糖	①有些不含乳糖 ②缺少低聚糖	研究表明，乳糖含量的多少与该物种的脑容量有关
免疫辅助物	①每一滴乳液中富含上百万个活性白细胞 ②富含免疫球蛋白	①没有活白血细胞或其他细胞，只是一些对免疫无作用的食物 ②无免疫球蛋白	母亲暴露在细菌环境时，她自身会产生细菌抗体并通过母乳将这些抗体给婴儿
维生素和矿物质	①易被吸收，尤其铁、锌、钙等 ②50%～75%的铁被吸收 ③含有更多的硒（抗氧化物）	①不易吸收 ②5%～10%的铁被吸收 ③只含有少量的硒	维生素和矿物质在母乳中有很高的生物可利用性，人造乳品中增加更多的补偿物，却难以被消化吸收
味道	随着母亲饮食会有所变化	不变	通过母亲的食物的变化母乳会使婴儿适应家庭中的食物味道

（1）母乳的主要成分

1）水分。水分是母乳最主要的成分，含量达到 87%，即使在天气炎热时，母乳中的水分含量也足以满足婴儿的水分需求。

2）蛋白质。母乳的蛋白质成分随哺乳期改变，主要由酪蛋白和乳清蛋白组成，酪蛋白比起乳清蛋白消化时间较长。在产后头几天，宝宝胃的容量小只能少吃多餐地吸收营养。酪蛋白饱肚的时间较长，婴儿吃到少量的初乳也有足够的饱足感。到了成熟乳阶段，宝宝吃到大量的乳汁时，母乳中的酪蛋白成分降低至 40％，而乳清蛋白为 60％，婴儿不会由于吃下大量的母乳使肠胃负荷过重。母乳的蛋白质在胃内形成凝块小，容易消化和吸收。母乳的乳清蛋白能够帮助宝宝对抗细菌的侵袭，还富含人体必需的氨基酸，营养价值高。

3）糖类。母乳中含有较牛乳等其他乳制品含量更高的乳糖，乳糖具有促进钙质与铁质吸收的功能。乳糖与脂质结合形成半乳糖脂和脑苷脂，可促进婴儿脑部的发育。

4）脂肪。母乳中的脂酶分解脂肪转化为脂肪酸，其中包括长链不饱和脂肪酸。多种长链不饱和脂肪酸和少量的胆固醇，是婴儿大脑发育必不可少的营养素。生命的第一年，宝宝的大脑迅速发展，增长速度比身体更快，1 岁时的大脑容量是出生时的三倍。早期的大脑发育和功能需要丰富的不饱和脂肪酸，脂肪以细颗粒的乳剂形态存在，易于被消化与吸收。

5）维生素。正常营养的母乳乳汁中含有婴儿所需要的多种维生素，主要包括维生素 A、维生素 E、维生素 C，而维生素 B_1、维生素 B_2维生素 B_6、维生素 B_{12}、维生素 K、叶酸等。

6）矿物质。母乳中各种矿物质浓度不高，但具有很高的生物活性及利用率。一般情况下足以保证健康婴儿 6 个月内所需。所含矿物质中，钙、磷比例适宜，钙的吸收良好，故母乳喂养的婴儿较少发生低钙血症。母乳中含的铁有 50％能被婴儿所吸收，是各种含铁食物中吸收率最好的。母乳中的锌含量虽然比较低，但其生物利用率高。

（2）母乳的免疫成分。母乳含有具有生物活性与调节免疫功能的因子，多种抵抗细菌、病毒和真菌感染的物质，对预防新生儿和婴儿感染有重要意义，并且帮助婴儿的免疫系统成熟。母乳中含有抗感染的活性白细胞、免疫抗体和其他免疫因子及抗染因子。

（3）母乳的分期与成分变化。母乳的成分并不是一成不变的，而是随着宝宝的成长而改变。

1）初乳。分娩后 7 天内分泌的乳汁为初乳。初乳是透明、黄色或淡黄色的，外观稀薄、质黏稠，量少。初乳含有新生儿必需的蛋白质，还有新生儿不可缺少的铁、铜、锌等微量元素，初乳的成分正适合早期新生儿的胃容量小、消化力弱，营养需求高的生理特点。是每个新生儿最需要，最宝贵，最理想的天然营养品，初乳具有营养和免疫的双重作用。初乳有轻泻作用，可以促使胎粪及早排出。初乳分泌量虽然少，但对正常婴儿来说是足够了。

2）过渡乳。产后 7～14 日分泌的乳汁为过渡乳，相比较初乳，外观与成分都有所变化，是初乳向成熟乳的过渡。刚挤出的乳汁呈白色，乳汁随着婴儿的需求量的增加而增加，乳汁的营养成分适合此时期新生儿的生长发育。

3）成熟乳。大约在宝宝出生 1～2 周后，妈妈的乳汁分泌量增加，外观与成分也有所变化。含有丰富营养物质适合此时期新生儿的生长发育。

乳汁的成分在每一次哺乳时也有变化，分为前奶和后奶。前奶含蛋白质多而后奶含脂肪多。母乳喂养时，婴儿先吸出的乳汁叫作前奶，外观比较清淡、稀薄，微蓝色，乳糖含量比较大。前奶以后的乳汁叫作后奶，外观呈白色，比较浓稠。脂肪含量较多，提供婴儿发育所必需的能量。研究显示，宝宝在一天 24 小时的吃奶过程中，吸收到的总脂肪量是不会改变的。

婴儿 6 个月后在添加辅食的基础上，继续母乳喂养。母乳能够提供 7～12 个月大婴儿所需热量的 50%，第二年之后，母乳仍可提供婴儿 1/3 的营养需要，确保婴儿得到足够的能量及高品质营养。母乳仍具有相当含量的免疫物质，这些营养素和免疫抗体没法从家庭的饮食中获得。

2. 母乳喂养的好处

母乳喂养是最传统、最自然的哺育方法，在我国有着几千年的优良传统。母乳喂养有利于婴儿和母亲的健康，有利于家庭与社会的和谐，有利于人口素质的改善。

（1）母乳喂养对婴儿的好处

1）对婴儿生理上的好处。母乳是婴儿最理想的食物，它不仅含有婴儿生长发育所必需的全部营养成分，而且其成分及比例还会随着婴儿月龄的增长而有所变化，即与婴儿的成长同步变化，以适应婴儿不同时期的需要。母乳的营养价值对宝宝来说是任何其他食品所无法代替的。母乳喂养还有利于预防成年后慢性病的发生。

2）对婴儿心理上的好处。母乳喂养可增进母子之间的亲子关系、相互交流，可以增加婴儿的安全感，提高婴儿的情商水平。

（2）母乳喂养对母亲的好处。哺喂母乳是母子双方之间的共同付出、相互馈赠。哺乳不仅对婴儿有好处，对母亲的健康也很有帮助。

1）哺乳对母亲生理上的好处。哺乳有助于母亲康复，分娩后 60 分钟之内让新生儿吸吮乳头能减少产后出血，促进子宫收缩。哺乳消耗母亲体内额外的能量，有助于体型恢复。哺乳能保护母亲免受疾病的侵扰，患乳腺癌、卵巢癌的概率会大大低于从未哺乳的妇女。哺乳能预防日后患骨质疏松的发生。

2）哺乳对母亲心理上的好处。哺乳对母婴双方都有重要的心理上的好处。哺乳有助于建立良好的母婴联结，哺乳时母子身体之间的亲密接触与交流，使得妈妈和宝宝在身心两方面感到合二为一，在宝宝的需求得到满足的同时，母亲对于爱抚和关怀的需求也得到了满足。

（3）母乳喂养对社会的好处

1）母乳喂养经济实惠，减少资源浪费。母乳喂养节约了代乳品、婴儿保健品等方面的各种不必要的消费。也节约了奶瓶、消毒用具等方面的附加费用。

2）母乳喂养安全、卫生、利于环保与低碳。母乳喂养对人类回归大自然和恢复整个自然界生态平衡具有非常深远的社会意义。

3）母乳喂养能够促进人口素质的提高。母乳喂养降低了婴儿的发病率和死亡率，提高了妇幼保健水平。母乳喂养增强了婴儿的体质，并且有利于婴儿心理素质的成长，从而促进了社会人口素质的提高。

3. 促进母乳喂养成功的措施

（1）三早。三早是母乳喂养成功的关键，指的是母婴早接触、早吸吮和早开奶

1）早接触。新生儿娩出后60分钟内，母婴情况允许的前提下，将婴儿立即放于母亲胸腹部，使母婴皮肤完全接触，并应尽早吸吮乳头。

2）早吸吮。吸吮反射是人类的本能，吸吮反射在生后 30～60 分钟最强，60 分钟以后逐渐进入睡眠状态，睡上几小时再醒来吃奶。早期频繁吸吮建立泌乳反射和喷乳反射，有助于乳汁分泌。

3）早开奶。在母婴第一次接触时，让新生儿有效吸吮母亲的乳头。早开奶可使婴儿得到价值很高的初乳，并刺激乳汁加快产生和分泌。

只有早接触、早吸吮和早开奶，才能有效地保障母乳喂养的成功。

（2）实行母婴同室。在分娩后，如果母亲与婴儿都没有什么问题，应让婴儿一直待在母亲的身旁，始终不要分离，这样便于母乳喂养的成功。

（3）按需哺乳。所谓按需哺乳，就是不规定喂奶的时间和次数，按照婴儿和母亲两方面的需求进行哺乳。母亲感觉乳房胀满或婴儿有觅食反射时，应予以哺乳。泌乳要靠频繁吸吮来维持，因为乳汁是随着婴儿的吸吮刺激进行分泌的，吸吮越勤、分泌才能越多。晚上喂奶可助提升催乳素的水平，是增加白天奶量的重要方法。

（4）6个月以内的婴儿纯母乳喂养。母乳完全能够满足6个月以内婴儿的需要，纯母乳喂养的婴儿，在一般情况下不要喂水、果汁等，也不要添加配方奶。如果有医疗上的需要，喂水时要用滴管、小杯或小匙来喂，不要用奶瓶和橡皮奶头。

4. 母乳喂养的技巧

正确的抱姿和吮吸方法可以帮助宝宝有效地吮吸母乳、避免并减少各种哺乳的问题和风险。在指导母乳喂养时首先要观察及评估母亲哺喂母乳的情况，仔细观察母亲和婴儿的配合情况，才可以清楚地了解母乳喂养的情况，针对母亲需求提供最确切的技巧指导，母乳喂养技巧的指导主要包括以下一些内容：

（1）哺乳姿势指导

1）婴儿的体位。婴儿可以有不同的姿势，只要婴儿比较舒服即可，需要注意以下几点：

帮助婴儿衔乳：抱婴儿贴近母亲，脸面对妈妈的乳房，鼻子正对着乳头；宝宝的头、脖子与身体成一直线；颈部不要扭转。吃奶时，婴儿的身体与母亲的身体应该全程保持三贴：即胸贴胸、腹贴腹、下颌贴乳房。有力地支托着婴儿的身体，用手稳固住婴儿的肩膀、躯干，以及臀部，避免压迫到头部。

2）正确托乳房的姿势。母亲手掌微握，拇指张开，食指和其他的手指合拢并排贴在乳房下的胸壁上，食指托乳房的根部，而拇指轻轻地放在乳房的上方，使乳房成圆锥样向前挺，此时应注意母亲的手不应离乳头太近，不要妨碍婴儿的含接。婴儿含接成功后，母亲的手无需托住乳房，如果奶多，要控制奶的流速，可用手指呈剪刀式轻按乳房，以阻碍部分乳管的流速，但要注意随时改变手指的部位。

3）喂奶姿势。产妇在哺乳过程中扮演重要的角色，要完全地放松自己，应处在舒服的体位。哺乳姿势可分为坐式、平躺式、半躺式、侧躺式。

①坐式。坐式哺乳可分为，搂抱式、交叉搂抱、橄榄球抱、无论用何种抱姿，母亲都应该采取舒适的坐位，让婴儿的头和身体呈一条直线，婴儿身体贴近母亲，婴儿头和颈得到支撑。

◆搂抱式（见图3—1）。是轻松且常用的传统的哺乳姿势。将宝宝抱在胸前，婴儿的头部依靠在母亲上肢屈曲的肘窝内，手掌搂住婴儿的腰臀或大腿上部。婴儿腹部与母亲的腹部相贴。

◆交叉搂抱式（见图3—2）。母亲采取舒适的坐位，宝宝头下垫上东西，用与哺乳侧相反的手臂来支撑宝宝的头部（后颈下部），用另一只手托起乳房进行喂哺。

图 3—1　搂抱式　　　　　　　　　　　　　图 3—2　交叉搂抱式

◆ 橄榄球抱式（见图 3—3）。母亲采取舒适的坐位，用枕头适当垫高婴儿背部，使婴儿头部与乳头达一水平线，用与哺乳侧乳房相反的手托起乳房，并用另一手臂支撑宝宝的头部和身体。宝宝的双腿向后夹于哺乳侧手臂腋下。将宝宝身体紧靠母亲的体侧。

②平躺式。产妇平躺，把宝宝放在产妇的侧面，以用枕头或靠垫把宝宝的整个身体垫高。妈妈胳膊搂住宝宝，从后面抱着他的后颈和肩部。宝宝的上半身贴着母亲的侧面，在母亲的胳膊和身体之间获得支持，双胞胎的妈妈也可以采用这种姿势，同时喂养两个宝宝。

图 3—3　橄榄球抱式

③半躺式。产妇采取半躺姿势，后背依靠几个枕头或靠垫，以舒服的角度斜靠着，让身体的每个部分都感觉舒适，摊开整个身体，彻底放松，把宝宝放到产妇的胸前，稳住宝宝，产妇的上半身给予宝宝安全、持续、舒适的支撑。

④侧躺式。母亲采取舒适的侧卧姿势，让宝宝侧卧，面对乳房。母婴腹部相贴。

（2）哺乳过程指导。在哺乳过程中要注意观察母亲和婴儿，评估婴儿吸奶的状况，注意观察哺乳不顺利的情况，并及时解决。在吃奶过程中，如果婴儿非常烦躁，必要时可先安抚婴儿，等平静了再继续哺乳。鼓励母亲以抚触以及言语等方式安抚婴儿，让婴儿保持平静。

二、部分母乳喂养

母乳与配方奶或其他乳类同时喂养婴儿称为部分母乳喂养。母乳与配方奶同时喂养的方法有补授法和代授法

1. 补授法

6月龄内婴儿母乳不足时，仍应维持必要的吸吮次数，以刺激母乳分泌。每次哺喂时，先喂母乳，不要限制哺乳的时间，后用配方奶补充母乳不足。补授的乳量根据婴儿食欲及母乳分泌量而定，即"缺多少补多少"。

2. 代授法

一般用于无法坚持母乳喂养的情况，可逐渐减少母乳喂养的次数，用配方奶替代母乳。

三、配方奶喂养

遇到这些情况，不宜进行母乳喂养：母亲正接受化疗或放射治疗，患活动期肺结核且未经有效治疗、患乙型肝炎且新生儿出生时未接种乙肝疫苗及乙肝免疫球蛋白、HIV感染、乳房上有疱疹、吸毒等情况下，不宜母乳喂养。母亲患其他传染性疾病或服用药物时，应咨询医生，根据情况决定是否可以哺乳。

不能进行母乳喂养的婴儿要选用配方奶喂养，方法如下：

1. 喂养方法

在婴儿清醒状态下，采取正确的姿势喂哺，并注意母婴互动交流。应特别注意选用适宜的奶嘴，初生婴儿选用低流速奶嘴，不同牌子的低流速奶嘴奶流出的速度不相同，有些低流速奶嘴流得很快，观察吞奶的速度来决定哪款奶嘴适合婴儿使用。奶液温度应适当，奶瓶应清洁，喂哺时奶瓶的位置与婴儿下颌成 45°，同时奶液宜即冲即食，不宜用微波炉热奶，以避免奶液受热不均或过烫。

2. 奶粉调配

应严格按照产品说明的方法进行奶粉调配，避免过稀或过浓，或额外加糖。若冲调方法及处理过程不当，对婴儿的健康也会构成风险。因此，必须注意正确的冲调配方奶及喂哺方法。

3. 奶量估计

配方奶作为6月龄内婴儿的主要来源时，需要经常估计婴儿奶的摄入量。3月龄内婴儿的奶量约500～750毫升/日，4～6月龄婴儿约800～1 000毫升/日，允许每次奶量有波动，避免采取不当方法刻板要求婴儿摄入固定的奶量。要注意逐渐减少婴儿夜间吃奶的次数。

4. 治疗性配方奶选择

（1）水解蛋白配方。对确诊为牛乳蛋白过敏的婴儿，应坚持母乳喂养，如不能进行母乳喂养而又对牛乳蛋白过敏的婴儿应首选氨基酸配方奶或深度水解蛋白配方奶，不建议选择部分水解蛋白配方奶和大豆配方奶。

（2）无乳糖配方。对有乳糖不耐受的婴儿应使用无乳糖配方奶（以蔗糖、葡糖糖聚合体、麦芽糖糊精、玉米糖浆为碳水化合物来源的配方奶）。

（3）低苯丙氨酸配方。确诊苯丙酮尿症的婴儿应使用低苯丙氨酸配方奶。

四、食物转换

随着婴儿的生长发育，其消化能力逐渐提高，单纯母乳喂养不能完全满足6月龄后婴儿生长发育的需求，婴儿需要由纯乳类的液体食物向固体食物逐渐转换，这个过程称为食物转换（也称辅食添加）。婴儿期若断离母乳，仍需维持婴儿总奶量800毫升/日左右。婴儿营养需求包括营养素、营养行为和营养环境三个方面，婴儿喂养过程的液体食物喂养阶段、泥糊状食物引入阶段和固体食物进食阶段中，不仅要考虑营养素摄入，也应考虑喂养或进食行为，以及饮食环境，使婴儿在获得充足和均衡的营养素摄入的同时，养成良好的饮食习惯。在资源匮乏、日常饮食无法满足婴儿营养需要时，可使用营养素补充剂或以大豆、谷类为基质的高密度营养素强化食品。

建议开始引入非乳类泥糊状食物的月龄为6月龄，不早于4月龄。此时，婴儿每次奶量摄入稳定，约180毫升/次，生长发育良好，提示婴儿已具备接受其他食物的消化能力。

1. 6月龄

首先选择能满足生长需要，易于吸收，不易产生过敏的谷类食物，最好为强化铁的米粉，米粉可用奶粉调配；其次引入的食物是根茎类蔬菜、水果，主要目的是训练婴儿的味觉。食物应用勺喂养，帮助训练吞咽功能。

喂食时要注意，婴儿食物转换期是从其他食物逐渐习惯的过程，引入的食物应由少到多，由1勺、2勺到数勺，直至1餐；引入食物种类应由1种到多种，婴儿接受新食物一般需尝试8～10次，约3～5日，至婴儿习惯该种口味后再换另一种，以刺激味觉的发育。单一食物逐次引入，可帮助及时了解婴儿是否出现食物过敏及确定过敏源。

注意乳类在此阶段不能少，定时哺乳（每3～4小时）5～6次/日，奶量800～1 000毫升/日，逐渐减少夜间哺乳。尝试喂蔬菜、水果泥1～2勺，每日2次为宜。

2. 7～9月龄

7～9月龄选择末状食物，除每日4～5次奶，还有1～2餐其他食物。奶量800毫升/日左右，强化铁的米粉、稠粥或面条，每日约30～50克。每日碎菜25～50克，水果20～30克开始添加肉泥、肝泥、动物血等动物食品。开始添加蛋黄，每日由1/4个逐渐增加至1个。此阶段可以让婴儿坐在高椅子上与成人共同进餐，开始学习自我进食。可让婴儿手拿"条状"或"指状食物"，学习自我进食。

3. 10～12月龄

10～12月龄选择碎状、丁块状、指状食物，每日应由2～3次奶，部分母乳或配方奶，奶量600～800毫升/日，软饭或面食每日50～75克，每日碎菜50～100克，水果50克。添加动物肝脏、动物血、鱼虾、鸡鸭肉、红肉（猪肉、牛肉、羊肉等）每日25～50克，每日1个鸡蛋。应让婴儿自己用勺进食，用杯子喝奶；每日与成人同桌进餐1～2次。

在食物转换过程中，让婴儿有进食技能的训练，有助于婴儿神经心理发育，引入的过程应注意食物的质地和培养婴儿的进食技能，用勺、杯进食可促进口腔动作协调，学习吞咽；从泥糊状食物过渡到碎末状食物可帮助学习咀嚼，并可增加食物的能量密度；用手抓食物，既可增加婴儿进食的兴趣，又有利于促进手眼协调和培养婴儿独立进食的能力。在食物的转换过程中，婴儿进食的食物质地和种类逐渐接近成人食物，进食技能亦逐渐成熟。

注意：饮奶应在进食后，自然形成"一餐代替一顿奶"。食物清淡、无盐、少糖、少油；不食蜂蜜水、糖水，尽量不喝果汁。

五、婴儿饮水

婴儿水代谢旺盛，每天摄入及排出的水量占体内总液量的1/2，而成人的则为1/7。婴儿发生水代谢紊乱时容易出现脱水和水肿。婴儿期每天的需水量应为700毫升，其来源主要是饮水，也包括母乳、汤、各种流质食物和各种饮料及摄入的固体食物等。

饮料不能代替水，饮料和水所含的成分是不同的。有的饮料中含有咖啡因，大量摄入有损婴儿身体健康。饮料含糖量较高，过量饮用可导致肥胖。饮料中含有的糖多属果糖和山梨醇糖，相对而言较难消化吸收，如天天饮用，可造成婴儿腹泻。据调查，大部分饮料都含有添加的蔗糖和其他糖类，增加了患龋齿的危险性。过量饮用饮料，还可影响婴儿其他营养成分的摄入，最终导致婴儿的生长发育迟滞。

婴儿饮水要点如下：

1. 最好的饮料是白开水

不少家长用各种新奇昂贵的甜果汁、汽水或其他饮料代替白开水给婴儿解渴，这不妥当。饮料里面含有大量的糖分和较多的电解质，喝下去后不像白开水那样很快就离开胃部，而会长时间滞留，对胃部产生不良刺激。婴儿口渴了，只要给他们喝些白开水就行，偶尔尝尝饮料之类，也最好用白开水冲淡再喝。

2. 饭前不要给婴儿喂水

饭前喝水可使胃液稀释，不利于食物消化，喝得胃部鼓鼓的，也影响食欲。恰当的方法是，在饭前半小时让婴儿喝少量水，以增加其口腔内唾液的分泌，有助于消化。

3. 睡前不要给婴儿喂水

年龄较小的婴儿在夜间深睡后，还不能自己完全控制排尿，若在睡前喝水多了，很容易遗尿。即使不遗尿，一夜起床几次小便，也影响睡眠。

4. 不要给婴儿喝冰水

婴儿天性好动，活动以后又往往浑身是汗，十分口渴。此时，有的家长常给婴儿喝一杯冰水，认为这样既解渴又降温。其实，大量喝冰水容易引起胃黏膜血管收缩，不但影响消化，甚至有可能引起肠痉挛。除此之外，如果婴儿暴饮，可造成急性胃扩张。

第二节　婴儿睡眠

一、婴儿的睡眠与生长发育

高质量的睡眠能养血、益气，能健脾强胃，能强筋壮骨。睡眠时进入肝脏的血流量是站立时的 7 倍。肝脏血流量的增加，有利于增强肝细胞的功能，提高解毒能力，并加快蛋白质、碳水化合物、脂肪、维生素等营养物质的代谢，从而维持机体内环境的稳定。

睡眠有利于婴儿脑细胞的发育，睡眠是大脑皮层的生理性保护性抑制，是恢复人体精神和体力的必要条件。高质量的睡眠是使婴儿神经系统得到休息的最有效的措施。

睡眠时机体内以合成功能为主，可为机体的生长发育储备足够的能量和原料。睡眠时机体的循环、呼吸、泌尿等多种生理活动以及新陈代谢均处于较低水平，全身的骨骼、肌肉也处于松弛状态，既减少了机体能量的消耗，也使整个机体得到了充分的休息。

婴儿的生长速度在睡眠状态下是清醒状态时的 3 倍，生长激素在睡眠时分泌得最多，生长激素能够促进机体本身的骨骼、肌肉、结缔组织及内脏等的增长。

二、掌握婴儿睡眠的时间

一般来说，由于大脑和神经系统发育成熟程度不同，婴儿越小需要睡眠的时间就越长。不同年龄婴儿的睡眠次数和时间，见表 3—2。

表 3—2　　　　　　　　　不同年龄婴儿的睡眠次数和时间

月龄	次数	白天持续睡眠时间（小时）	夜间持续睡眠时间（小时）	合计睡眠时间（小时）
初生	16～20 个睡眠周期　每周期 0.5～1 小时			20
2～6 个月	3～4 次	1.5～2	8～10	14～18
7～12 个月	2～3 次	2～2.5	10	13～15
1～3 岁	1～2 次	1.5～2	10	12～13

另外，还需要指出的是，婴儿的睡眠有个体差异，以上所列的睡眠时间只是多数婴儿所需睡眠的时间，而对于个体来说，相互间又会有较大的差别，不能机械地进行判断。

三、影响婴儿睡眠的因素

（1）婴儿饮食过饱，宿食停滞，酿痰生热，扰动心神。饮食过饥，胃肠蠕动过快，生化乏源，常言胃不和则卧不安。肝气盛目瞪。辛辣食物偏热，助长肝胆火，肝胆火旺，阳气收敛不回来，婴儿没困意。

（2）肾藏阳不利。21 点到 3 点为一天之日冬，冬主藏，应肾。肾阴虚内热，阳气藏养不住，婴儿燥热多汗，睡眠不安。

（3）睡前状态不佳。如玩的时间过长，过度疲劳，过度兴奋，或白天受到惊吓，心情恐惧，情绪焦虑等。

（4）睡眠姿势不当。如胸口受压、呼吸不畅。

（5）尿布：没有及时换尿布。

（6）卧具不合适或卧室环境不好。如室内空气污浊，室温过高或过低，过于干燥，灯光过强，噪音过大。

（7）婴儿患病。如蛲虫、蛔虫及体温升高、鼻子不通气等各种疾病。

（8）日常生活发生变化。如由于出门、移住新屋、换新保姆等。

四、改善婴儿睡眠的方法

（1）按时睡眠。最好是21点前睡，21时～23时为亥时，三焦经最旺，三焦通百脉，养肝藏血，是细胞更换最快的时间。

（2）卧室不宜大。婴儿入眠后，体内的阳气会布散到体表并向外辐射，遇到墙后反射，会在体表形成保护层，中医叫"卫气"，卫气顾名思义起保卫作用。卧室太大不利于保护层的形成。

（3）睡时不宜透风。婴儿体质偏热，本身易出汗，特别是睡觉时，头和身上出汗更多。开窗、开空调、开电扇睡觉，风会吹散人体表的保护层，淘干阳气，风寒邪气乘虚而入，易发感冒，发烧。

（4）睡时宜安静。静则神安，有利睡眠。嘈杂的环境，如睡前看电视，大声喧哗等会扰动心神。睡前不做剧烈运动，避免引起婴儿过度兴奋。

（5）睡时不宜亮。婴儿属阳，卧室暗能敛神聚阳，睡时卧室过亮不利于阳气收敛，阳气敛藏不下来，婴儿容易睡觉打转，哭闹。

（6）室温合适。宜18～25℃，过冷或过热都会影响睡眠。

（7）保持床上用品清洁与舒适，并适时增减。注意不要穿太多的衣服睡觉。

（8）让婴儿单独睡一张床。要选择一个适宜的床。床的软硬度适中，最好是木板床，以保证婴儿的脊柱的正常发育。

（9）3岁左右的婴儿午睡时间不宜超过2小时，以免影响夜间睡眠。

（10）被子不要盖得太厚。给婴儿盖得太厚，或室内温度太高，婴儿觉得过热，就通过蹬被子来散热。

第三节 婴儿的二便、三浴

一、培养婴儿的二便习惯

1. 婴儿大小便的训练

一般来说，婴儿在一岁半到两岁之间，生理和心理已逐渐成熟，可以考虑开始尝试训练婴儿的大小便了。但是在训练之前，也要考虑婴儿的膀胱控制能力（每隔3分钟才尿一次），配合照顾者的抱姿与口语指示（如尿尿、嗯嗯），在观察了解婴儿的个别情绪后，再决定开始训练的时间。

运用婴儿喜欢模仿的学习动机，会取得好的效果。母亲可以凭经验抓准婴儿解尿的间隔时间，提早几分钟提醒他，这样成功率会比较高。

运用专为婴儿设计的便盆，可使排便较安全。

婴儿大小便卫生习惯的养成，是循序渐进的，要一步步地教导婴儿自己达成。例如，表示便意、脱裤子、使用卫生纸、洗手等。

只要婴儿一有进展，就该给予鼓励，而不应该给婴儿太大的压力及期望，以免造成紧张、焦躁不安或抑制的心理反应。

2. 婴儿大小便的控制

解决好大小便问题的方法是观察大小便前的信号，而不是训练婴儿控制大小便。婴儿在15~28个月时一般不能控制大小便，有的甚至更晚。

（1）学会控制大便。3个月内的婴儿很可能会在吃奶时或吃奶后马上大便。婴儿的这种现象是单纯的胃肠道刺激反射，是因为进食刺激了肠道。当婴儿能把内部感觉与排便的生理现象结合起来后，对婴儿的帮助才能生效。要注意分辨出婴儿是否能够注意到自己在排便，例如，婴儿突然停下正在做的事情、指着尿布或者哭喊以引起注意。婴儿能够意识到直肠和膀胱胀满几乎是同时实现的，但处理大小便时，方式有很大的不同。对大便的控制比小便的控制相对容易一些，婴儿可能会先实现对大便的控制，所以可以让婴儿先坐便盆。从大人的角度来讲，预测大便比预测小便要容易些。当婴儿发出特殊的声音或动作时，就是在表示自己需要坐便盆。

（2）学会控制小便。这是一个缓慢的过程，成功的基础是婴儿能够在膀胱内憋住一定量的尿液，而不是自然的排空。标志着婴儿达到成熟的迹象是婴儿能够在较长的一段时间里保持尿布干燥。如果婴儿在很长的一段时间里午睡后都没有尿湿，就可以在午睡时取下婴儿的尿布。在婴儿上床睡觉前，鼓励婴儿上厕所，小便一次。如果婴儿这样办了，一定要表扬他；如果婴儿不愿意，也不必强求去做。

当婴儿能够表示出自已要坐便盆时，可以在白天里取下婴儿的尿布。但这样做必须有一个前提，即婴儿有尿时，必须能在脱下裤子前憋一会儿。

3. 注意事项

（1）婴儿有时会有意外，可能在开始时说不清楚自己要小便，所以要做好准备，不要责怪婴儿。如果你不能及时理解婴儿的需要，婴儿别无选择，等不及坐便盆就尿尿了。

（2）不要强迫婴儿。不要强迫婴儿坐便盆，这只能起到相反的效果。要求婴儿坐便盆时，婴儿如果公然反对或是大发脾气，不要强迫，过几天等婴儿忘记此事后，再要求他坐便盆。

二、婴儿三浴

三浴是指空气浴、日光浴和水浴。三浴是利用大自然对婴儿进行锻炼的好方法，是婴儿保健最基本的方法，具有方便、实用、简单、易操作等特点。科学的三浴可以刺激皮肤，调整内脏的功能，增强婴儿的抵抗力，达到增强婴儿体质，提高抵抗疾病的目的。

1. 空气浴

空气浴可以提高婴儿神经和心血管系统反应的灵敏度，增强体温调节功能，以适应气温变化，增强对寒冷的适应性。同时还可增强皮肤的呼吸作用，从新鲜空气中吸入较多的氧气，抑制细菌生长，防止感冒。空气浴的具体方法是，让婴儿裸体或穿单薄、肥大、透气的衣服，使皮肤广泛地接触空气，未满月的婴儿，可在 $20\sim24℃$ 的室内进行。每次空气浴的时间，可从开始时的几分钟，逐渐延长到 $10\sim15$ 分钟，最长可达 $2\sim3$ 个小时。空气浴最好从夏季开始，逐渐过渡到秋、冬季节，可与各种活动如游戏、体操、走路结合起来。当气温在 $30℃$ 以上时，不宜在阳光直接照射下进行空气浴。在整个空气浴过程中，要密切观察婴儿的反应，如有皮肤发紫、面色苍白、发凉，应立即停止。

2. 日光浴

日光浴是预防佝偻病的主要措施，婴儿满月后即可进行。夏季可裸体，头戴白帽；

春秋季气温在 20～24℃时穿短衣裤；冬天可穿不太厚的棉衣，暴露头部、面部及手臂。夏季可在树下或凉棚下，避免直接暴晒。南方以上午 8—10 时，北方以上午 9—11 时进行为宜。春秋季可在上午 10—12 时进行。开始时间宜短，1～2 分钟即可。如果无不适反应，可逐渐延长时间，每次增加 1～2 分钟，每次不宜超过 30 分钟。空腹或饭后 1 小时内不宜进行日光浴。日光浴后应及时补充水分；注意观察日光浴时婴儿的反应，如发现满头大汗、面红或有皮疹、精神萎靡等现象，应立即停止。

3. 水浴

水浴可清洁皮肤，预防皮肤病，提高大脑对体温的调节能力，增强体质。新生儿及婴儿宜行温水浴，室温 20℃以上，水温 37～37.5℃，在水中的时间为 7～12 分钟，同时可不断加温水，以保持温度。

第四节 婴儿游泳

一、婴儿游泳的好处

游泳是孩子特有的天性，婴儿通过在水中的全身运动，使消化、神经、心血管、免疫等系统功能得到全面调节，从而增强食欲，提高免疫力，促进生长发育。

婴儿游泳训练不仅仅是皮肤与水的接触，而是视觉、听觉、触觉、动觉，以及平衡感的综合信息传递，引起全身（包括神经、内分泌系统等）一系列的良性反应，可以消除新生儿的孤独、恐惧和焦虑，全面促进婴儿体能、智能、情商的发展。参加婴儿游泳的孩子一般爬行早、反应快，语言、认知、交往能力强。

研究证明，婴儿游泳训练的益处主要有以下几个方面：

（1）可促进婴儿大脑发育，显著提高智力水平。

（2）让婴儿吃得香、睡得好、长得壮。

（3）提高婴儿免疫力，健康成长少得病。

（4）提高婴儿的感觉统合能力。

（5）开发婴儿的运动潜能。

（6）可增强婴儿自信心和安全感，提高情商水平。

二、婴儿游泳的准备

1. 婴儿准备

首先看婴儿是否吃饱，通常婴儿游泳应该在吃奶后半小时到一小时左右，另外，还要观察婴儿是否高兴，是否刚睡醒，有什么不舒服的地方，一定要在婴儿心情愉快的情况下，进行婴儿游泳操作。

2. 用具准备

（1）婴儿专用浴巾，要干燥，大小可包裹婴儿全身为适合；

（2）一小块方巾，另准备一块干的毛巾备用；

（3）婴儿洗发液、婴儿沐浴露、婴儿抚触油、婴儿爽身粉等；

（4）婴儿将要更换的衣服、纸尿裤等；

（5）水温计、婴儿游泳专用颈圈，一些可在水中漂浮的玩具。

3. 环境准备

室温环境须确保 28℃以上，婴儿的体温调节中枢不完善，水温过高或过低均会对婴儿造成不利影响。在婴儿游泳的整个过程中，周边的环境会对婴儿的大脑形成一个完整的刺激。在婴儿游泳的环境里，周边有色彩鲜艳的画面，上方有能发出悦耳声的风铃，游泳时播放轻柔的音乐，让婴儿有一个放松的环境。

4. 操作者准备

操作者最好是两个人，在操作之前先洗手，修好指甲缘，摘掉手上的饰物，以免刮伤婴儿。在婴儿游泳的过程中，操作者要和婴儿进行有效的沟通，如给婴儿唱儿歌，鼓励婴儿在池中转圈，游泳结束后要赞美爱抚婴儿。

三、婴儿游泳流程

婴儿游泳训练可以按照以下流程进行：

步骤1：人员及物品准备，对设备安全的检查，包括游泳池、颈圈，泳池水温的调试。

步骤2：给婴儿脱衣服，解除尿片。

步骤3：一人抱住婴儿，用一只手托着婴儿头、颈、背部，另一手固定使婴儿头稍向后仰，另一人掰开颈圈开口处从婴儿颈前部套入颈圈，认真检查婴儿下颏部是否放在下颏槽内，下颏是否垫托在预设位置（将颈圈的内圈紧贴双下颏部位）。

步骤 4：扣紧安全扣和安全带。抱婴儿的人员托着婴儿头颈背部的手不改变，另一手托着婴儿臀部，要逐渐且缓慢入水。

步骤 5：婴儿自行游泳，时间为 10～20 分钟，进行全程监护，并与婴儿进行情感和语言交流。

步骤 6：游泳结束，用毛巾包住婴儿，打开泳圈搭扣，缓慢取下泳圈，用 75％ 的酒精或其他消毒液消毒脐部，垫好尿布，包裹好婴儿。

四、婴儿游泳的注意事项

（1）婴儿游泳期间必须专人看护，全程监护，监护人应与婴儿保持一定安全距离，以防突发事故。

（2）婴儿游泳圈使用前要进行安全检查，包括型号是否匹配、保险按扣是否牢固、游泳圈有无漏气；

（3）不建议新生儿游泳

（4）时间最好选择喂奶前 40 分钟或在吃奶 1 小时后进行游泳，1～2 次/天，每次游泳时间一般为 10～30 分钟。

（5）室内温度要求一般保持在：26～28℃。泳池水温要求一般保持在：36.5～37.5℃。

（6）当在游泳中发现婴儿面色苍白，全身发抖，必须停止。

（7）有下列情况者不宜参加游泳：

1）婴儿在生理性体重下降期间。

2）脐部感染的婴儿。

3）有宫内外窒息史。

4）体弱儿，体重小于 2 500 克，胎龄小于 37 周的早产儿。

5）先天性畸形如：先心病，脑积水，心肺功能不良的患儿。

6）当日给婴儿打过预防针的，一般会有轻微的反应，请遵医嘱，不要给婴儿游泳。

7）如果婴儿身体状况不好，有发烧、咳嗽、甚至气喘，则不应该给婴儿游泳，以免加重病情。

8）若婴儿出现呕吐、腹泻等消化肠道疾病，待婴儿症状好转体力恢复再游泳。

第五节　婴儿居室、个人和四具卫生

一、婴儿居室环境

由于婴儿体温调节中枢尚未发育成熟，体温变化易受外界环境的影响，所以要选择能够使新生儿保持正常体温，又耗氧代谢最低的生活环境。适宜的生活环境有利于婴儿的健康成长。在日常生活中，要尽量消除危害婴儿健康的危险因素。

（1）婴儿居室应选择向阳、通风、清洁、安静的房间，冬季居室的温度以 $18\sim21℃$ 为合适，夏季以 $25℃$ 为宜，湿度应保持在 $50\%\sim60\%$ 为佳。

（2）居室装修要符合婴儿的特点。色调以暖色为主，室内装饰要色彩鲜艳，丰富而鲜艳的色彩有利于调动婴儿的感官，使之活泼快乐。室内杂乱无章会使婴儿眼睛产生疲劳。不要让婴儿住在刚装修后或刚粉刷过的房间。

（3）最好不使用地毯，因为地毯不易清洗，容易藏污垢，另外也不利于婴儿练习行走。

（4）保持室内空气清新。居室内应禁止吸烟。每天开窗通风 $15\sim30$ 分钟，保持室内空气流通。

二、婴儿个人卫生

皮肤有保护身体不受病菌入侵的屏障作用，还有调节体温、感受刺激、排泄废物等一系列重要功能。经常为婴儿洗头、洗澡、清洁个人卫生，是保护婴儿皮肤正常功能的重要措施，也能逐步培养婴儿良好的卫生习惯。

（1）脐带处理。新生儿的脐带残端宜保持清洁、干燥，残端未脱落前每日可用酒精消毒，脱落后仍应保持局部干燥。如果脱落，上半身和下半身可分开洗，避免弄湿脐部。

（2）口腔清洁。在奶量充足时婴儿的口腔是清洁的。禁忌用纱布擦洗婴儿的口腔黏膜。

（3）皮肤清洁。刚出生的新生儿可用油剂轻拭颈、腋和腹股沟等皱折处，以保持皮肤清洁。

（4）婴儿的臀部、会阴处宜在大小便后用流动水冲洗，用柔软的干净毛巾吸干。

（5）乳痂处理。新生儿头部皮脂腺分泌较旺盛，如不经常清洗，皮脂粘上空气中的尘土，会在头顶结成一层又黑又厚的痂皮，叫乳痂。已形成了乳痂的，可用熬熟后晾凉的食用植物油闷24小时，再用棉签轻轻擦拭。千万不要硬揭，以免损伤皮肤引起感染。

（6）经常为婴儿进行眼、外耳道、口腔、腋窝、和外阴的清洁。

每天用棉纱布蘸温水为1岁以内的婴儿清洗眼睛、外耳道、腋窝和外阴部。婴儿用的毛巾和盆应该与成人严格分开。最好单独使用。

（7）婴儿的头发不宜过长，指甲要剪短，以免抓破皮肤引起感染。

三、婴儿四具的选择与消毒

四具包括：婴儿使用的卧具、餐具、玩具和家具。

婴儿的抵抗能力弱，适应外界环境能力较差，对婴儿使用的卧具、餐具、玩具要定期进行消毒。

1. 选择婴儿用具要考虑适合其年龄特点

（1）如婴儿最好能够睡木板床，这样有利于婴儿在床上练习抬头、翻身、爬行、站立和行走。要选择适合婴儿大小的床，婴儿床要有安全保护的装置，而且造型活泼。

（2）衣服要合身、舒适、凉爽、保暖，最好选择棉制品，便于婴儿活动和汗液的蒸发。

（3）玩具的选择。根据婴儿的特点来选择玩具。

1岁之前选择：可搂抱的毛线玩具；可悬挂的视觉玩具；可抓握的不规则玩具（硬的、软的、长的、方的、圆的、可发声的、可敲打的）；娱乐观赏性的玩具。

1～2岁选择：可增加拖拉玩具；推行玩具；水上漂浮的玩具：盒子、瓶子等。

2～3岁选择：可增加拼图类（套桶、套娃、插片）玩具，木珠、手帕、笔和纸、剪和贴的工具等（需要与成人一起玩）。

2. 消毒剂的选择与四具清洁

选用消毒剂清洁婴儿卧具、餐具、玩具、家具等，是促进婴儿健康成长、预防疾病的一个重要环节。

（1）要购买经国家（省级）卫生部门批准合格的消毒用品。最好是现用现买，避免存放时间过长。

（2）按说明要求科学的使用各种消毒剂，避免影响婴儿身体和损害被消毒用品。

第六节　锻炼婴儿的抱法

一、站抱（见图3—4）

锻炼意义：训练婴儿踝关节、腿、腰的力量，控制平衡的能力。

适宜月龄：2～10个月。

动作方法：左手抱住婴儿的腰腹部，右手拖住婴儿的双脚往上托，月龄小婴儿感受一下支撑。

练习方法：每天练2～3遍，每遍做4～6次，月龄小的一次几秒钟，月龄大的每次几十秒钟。

注意问题：最好父母两人一起做，有一个家长保护，有利于亲子情感交流。

图3—4　站抱

二、坐抱（见图3—5）

图3—5　坐抱

锻炼意义：婴儿感受地心引力、平衡感，维持与坐姿相关的肌肉力量。

适宜月龄：1～6个月。

动作方法：站或坐，托抱婴儿，使其自行支撑身体数秒，托抱与松托之间，训练婴儿全身伸张力量。

练习方法：每日做3～4遍，每遍做3次。

注意问题：

1. 在婴儿颈部不稳时，可缩短坐姿时间；

2. 要有人做保护。

三、跪抱（见图3—6）

锻炼意义：婴儿本体控制，腰背、膝部着地能力、视觉空间训练。

适宜月龄：4～7个月。

动作方法：坐在床上，双手托住婴儿的腋下，拉伸重复动作。

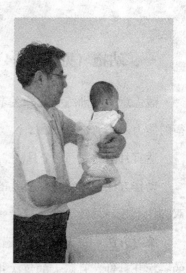

图3—6　跪抱

练习方法：每天两次，每次5分钟。

注意问题：对于没有坐稳的婴儿不要时间太长，以防背部弯曲；以游戏方式进行，增强趣味及顺应性的反应。

四、横托抱（见图3—7）

图3—7　横托抱

锻炼意义：训练婴儿背底脊肌力量、身体的自控能力，增加腹压促进大肠蠕动，利于肠胃成熟促进大便通畅、让头颈部控制力提前，为坐姿挺拔、预防驼背奠定基础。

适宜月龄：10 天～3 个月。

动作方法：站在床前或坐在床上，右手抓住婴儿的右手腕上提，左手托在婴儿的颈背部，再以右手托住婴儿的臀部，托至胸前，两手距离逐渐加大，婴儿身体受重力作用背部开始下垂，当婴儿的身体下降到一定程度就会出现本能的挺胸动作，新生儿一般可以挺 3～5 秒钟，然后大人双手向中间一起靠拢。

练习方法：新生儿每次练习里每日 2～3 遍，每遍 2～3 次，根据婴儿的能力增加时间和次数。

注意问题：

1. 做动作时两手距离过窄，达不到锻炼目的；

2. 不要裹被、减少婴儿身体支撑加大反射屈伸动作；

3. 细致观察婴儿的身体变化，尽可能在控制的范围内，刚开始距离床近一点保证安全，当确实动作熟练之后再离开床。

五、反托抱（见图 3—8）

图 3—8　反托法

锻炼意义：训练婴儿二背肌肉力量、身体的自控能力，增加腹压促进大肠蠕动，利于肠胃成熟，促进大便通，减少疾病。为坐姿挺拔、预防驼背奠定基础。

适宜月龄：1～3 个月。

动作方法：婴儿成俯卧状（俯卧抬头），大人双手抓住婴儿的肘部向后拉，并托住婴儿的胸腹部慢慢托起，使婴儿成背弓状。

练习方法：每天做 10 次左右，每次拉起 30 秒。

注意问题：对月龄小、头部力量差的婴儿可做成仰头后曲状。时间短、次数多；在初次托起的时候要有另外一个家长进行保护。

六、中托抱（见图 3—9）

图 3—9　中托抱

锻炼意义：训练婴儿胸腹开展、气血流畅，对健康的成长有益、减少疾病，对本体感觉、空间感觉有促进作用。

适宜月龄：1～3 个月。

动作方法：婴儿躺在床上，手托住婴儿腰背部，托起，使婴儿成桥型，身体充分展开。

练习方法：每天做 2～3 次，每次累计 5～6 分钟。

注意事项：吃饭前、洗澡后做，动作要慢而稳，3 个月以后的婴儿一定在床上或软垫上做，距离床要近一些防止其翻身动作。

七、竖托抱（见图 3—10）

锻炼意义：训练婴儿头颈转动，刺激前庭和脑干部、大脑及神经系统发育。

适宜月龄：出生～4 个月。

图 3—10　竖托抱

动作方法：站在床前或坐在床上，右手抓住婴儿的手腕上提，左手托住头部，继而以右手托住臀部，并以左手使婴儿头部作 45° 的运动及转动。

练习方法：每天做三遍，每遍 5 分钟，与横托抱交替做。

注意事项：头部 45° 运动由慢到快，始终和婴儿做表情沟通，如伸舌、眨眼、微笑。

八、托腋抱（见图 3—11）

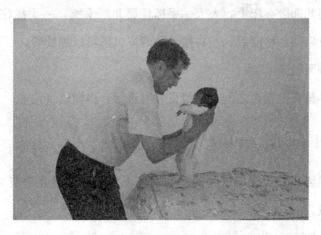

图 3—11　托腋抱

锻炼意义：训练婴儿腰腹部力量、本体感觉功能提高，为七坐八爬能力做准备。

适宜月龄：2～4 个月。

动作方法：婴儿躺在床上，大人双手托住婴儿双腋，由躺姿提拉站起，双脚稍稍离开床面，婴儿即反射性地挺腹、蹬腿。

练习方法：每天 3 遍，每遍 3~6 次。

注意事项：月龄小的婴儿应托住他的头背，注意安全。

九、螃蟹抱（见图 3—12）

图 3—12　螃蟹抱

锻炼意义：训练婴儿的空间感觉、自控能力、身体左右协调能力。

适宜月龄：4 个月~1 岁半。

动作方法：婴儿仰卧在床上，大人一手抓住婴儿的手腕，一手抓住婴儿的踝部提起，随着月龄长大，可以加一些前后、左右摆动，两岁以后可以加旋转。

练习方法：每天做 5~7 次。

注意事项：尽量在两顿饭之间，情绪良好时进行，多做语言沟通。

十、拉腕抱（见图 3—13）

锻炼意义：抱婴儿方式改成这种运动方式，无形中加强婴儿全身力量，训练婴儿上肢、腰背、腹力量。

适宜月龄：2 个月~1 岁。

动作方法：婴儿躺、坐或站时，妈妈抓握住婴儿的手指或手腕，当婴儿被提到胸前高度后放在大人的胸前，右手抱住腰，左手托住颈背部，变成自然的抱法。

练习方法：每天 10~20 次。

注意事项：拉提时不要快，用力均匀，当婴儿适应后可以加快速度。注意观察宝宝的表情，如婴儿紧张就做的时间短一些或者不做。

图 3—13　拉腕抱

第四章　婴儿保健与护理

一、概述

人体测量学是研究儿童生长发育的一个基本方法。所涉及的知识包括：参照人群的建立与选择；界值点的确定与应用；不同统计学方法表达生长发育参数时的区别；生长发育曲线的制作以及在儿童生长发育监测中的应用。

广泛用于判断儿童营养状况和健康状况的人体测量学常用参数有：

1. 年龄别体重

可以反映慢性营养不良或因过去有营养不良而造成的发育障碍。

2. 身高别体重

可以反映慢性营养不良或因过去有营养不良而造成的发育障碍。

3. 上臂围

在无法测量体重的情况下，用这个方法有助于开展简易的生长发育监测。上臂围测量也可以在做人群营养状况分析时或做婴儿死亡率变化分析时的一个指示参数。

生长发育形态指标最重要和常用的形态指标是体重和身高。

二、方法

1. 体重测量

体重是人体总重量，在一定程度上反映婴儿的骨骼、肌肉、内脏重量及其增长的综合情况，也可以作为计算用药量的重要依据。体重的测量方法：

（1）测量前排空大小便。

（2）测量时应去除鞋帽、衣服、尿布等。

注意事项：在室温适宜、不会着凉的情况下，尽量脱去衣服，只留短裤；如果不便脱去衣服，在计算体重时应减去衣服重量。

（3）每次测量体重时要连续测三次，用两个相近数字的平均数作为记录数字，并记录到小数点后两位。

（4）6 个月以内的婴儿每月测量体重一次；7～12 个月，每 2 个月测量体重一次；13～36 个月，每 3 个月测量体重一次。

定期测量体重可以绘成体重增长曲线，便于比较和了解体重是否正常。

（5）正常足月新生儿出生体重平均为 3 千克左右，出生后 3～4 个月体重达 6 千克左右，1 岁达 9 千克。1 岁以内婴儿的体重估算办法：

1～6 个月：体重 kg＝出生体重（kg）＋月龄×0.7 kg

7～12 个月：体重 kg＝6 kg＋月龄×0.25 kg

2～3 岁婴儿的体重估算办法：体重 kg＝年龄×2＋8

2. 身长测量

（1）测卧式身长

1）测量前脱去鞋袜，尽可能穿单衣裤。

2）测量时让婴儿仰卧，双眼直视正上方，头和肩胛间、臀、双足跟贴紧测量板，双膝由测量人员压平。

3）测量人员目光读取头顶垂直延长线的数值。

4）每次测量时要连续测三次，用两个相近的数字的平均数作为记录数字，并记录到小数点后一位。

（2）测立式身高

1）测量前脱去鞋袜，尽可能穿单衣裤。

2）测量时让婴儿直立，头和肩胛间、臀、双足跟贴紧测量板。

3）测量人员目光读取头顶水平延长线的数值。

4）每次测量时要连续测三次，用两个相近的数字的平均数作为记录数字，并记录到小数点后一位。

定期测量体重可以绘成身长增长曲线，便于比较和了解体重是否正常。

（3）身长估算。与出生时的身长相比，1周岁婴儿的身长约为 1.5 倍，2 岁以后儿童的平均身高估算为：身高＝（年龄×5）＋75 厘米

3. 头围与胸围的测量

（1）头围的测量方法。从右侧眉弓（眉弓即眉毛的最高点）上缘，经后脑勺最高点，到左侧眉弓上缘，三点围一圈，即为头部一周的长度。

头围反映脑发育的状况，过小可能是脑发育不良；过大可能有佝偻病、脑积水等疾病，遗传或超体重的也容易造成头大。

（2）胸围的测量方法。胸围是双侧乳头往双侧肩胛骨绕胸部一周的长度。

胸围小可能是胸内心、肺等器官发育差，胸围大可能与佝偻病造成"鸡胸"有关。

（3）头围和胸围的测量次数：6 个月以内婴儿每月测量一次；7～12 个月婴儿每 2 个月测量一次；13～36 个月的婴儿每 3 个月测量一次。

（4）头围与胸围的关系：头围与胸围除了反映各自发育情况外，它们之间的比例对观察婴儿的发育情况也很重要。正常情况下，刚出生的婴儿胸围比头围小 1～2 厘米，在 12～21 个月时两者基本相等，以后胸围应大于头围。

三、婴儿营养健康评价

1. 评价方法

（1）单项评定身高、体质量。对婴儿的身高（长）和体质量的测定是判断婴儿营养状况和健康水平最常用的指标。如果是两岁以内的婴儿，可以用卧位测量身长，这种方法所得结果叫身长；两岁以上婴儿站立位检测的叫身高。这里简要说明身高（长）和体重这两项指标的家庭应用和评价。

将自家婴儿身高体重的测值与公认的、标准的体格发育参考值进行比较做出评价。目前国内采用世界卫生组织关于 5 岁以下母乳喂养婴儿的体格发育参考值，对其他不确定喂养方式的婴儿也是适用的，参见表 4—1。

（2）根据婴儿身高与体质量作出评价。这是将身高和体质量结合起来二维模式评价婴儿体质的方法，称为婴儿体质指数．又叫 Kaup 指数。

以《2005 年世界卫生组织 5 岁以下婴儿体格发育参考值》为基准，0～24 个月婴儿的 Kaup 体质指数参考值见表 4—2。

表 4—1			世界卫生组织母乳喂养 5 岁以下婴儿体格发育参考值		
年龄组	男童		女童		
	体质量（kg）	身高（厘米）	体质量（kg）	身高（厘米）	
初生～3 天	3.34±0.15	49.9±1.9	3.23±0.14	49.1±1.9	
1 个月～	4.47±0.13	54.7±1.9	4.19±0.14	53.7±2.0	
2 个月～	5.57±0.12	58.4±2.0	5.13±0.13	57.1±2.0	
3 个月～	6.38±0.12	61.4±2.0	5.85±0.13	59.8±2.1	
4 个月～	7.00±0.11	63.9±2.1	6.42±0.12	62.1±2.2	
5 个月～	7.51±0.11	65.9±2.1	6.90±0.12	64.0±2.2	
6 个月～	7.93±0.11	67.6±2.1	7.30±0.12	65.7±2.3	
7 个月～	8.30±0.11	69.2±2.2	7.64±0.12	67.3±2.3	
8 个月～	8.62±0.11	70.6±2.2	7.95±0.12	68.7±2.4	
9 个月～	8.90±0.11	72.0±2.2	8.23±0.12	70.1±2.4	
10 个月～	9.16±0.11	73.3±2.3	8.48±0.12	71.5±2.5	
11 个月～	9.41±0.11	74.5±2.3	8.72±0.12	72.8±2.5	
12 个月～	9.65±0.11	75.7±2.4	8.95±0.12	74.0±2.6	
13 个月～	9.87±0.11	76.9±2.4	9.17±0.12	75.2±2.6	
14 个月～	10.10±0.11	78.0±2.5	9.39±0.12	76.4±2.7	
15 个月～	10.31±0.11	79.1±2.5	9.60±0.12	77.5±2.7	
16 个月～	10.52±0.11	80.2±2.6	9.81±0.12	78.6±2.8	
17 个月～	10.73±0.11	81.2±2.6	10.02±0.12	79.7±2.8	
18 个月～	10.94±0.11	82.3±2.7	10.23±0.12	80.7±2.9	
19 个月～	11.14±0.11	83.2±2.8	10.44±0.12	81.7±3.0	
20 个月～	11.35±0.11	84.2±2.8	10.65±0.12	82.7±3.0	
21 个月～	11.55±0.11	85.1±2.9	10.85±0.12	83.7±3.1	
22 个月～	11.75±0.11	86.0±2.9	11.06±0.12	84.6±3.1	
23 个月～	11.95±0.11	86.9±3.0	11.27±0.12	85.5±3.2	
2 岁～	12.15±0.11	87.1±3.1	11.48±0.12	85.7±3.2	
2 岁 1 个月～	12.35±0.11	88.0±3.1	11.69±0.12	86.6±3.3	
2 岁 2 个月～	12.55±0.12	88.8±3.2	11.89±0.12	87.4±3.3	
2 岁 3 个月～	12.74±0.12	89.6±3.2	12.10±0.12	88.3±3.4	
2 岁 4 个月～	12.93±0.12	90.4±3.3	12.31±0.13	89.1±3.4	

年龄组	男童		女童	
	体质量（kg）	身高（厘米）	体质量（kg）	身高（厘米）
2岁5个月～	13.12±0.12	91.2±3.4	12.51±0.13	89.9±3.5
2岁6个月～	13.30±0.12	91.9±3.4	12.71±0.13	90.7±3.5
2岁7个月～	13.48±0.12	92.7±3.5	12.90±0.13	91.4±3.6
2岁8个月～	13.66±0.12	93.4±3.5	13.09±0.13	92.2±3.6
2岁9个月～	13.83±0.12	94.1±3.6	13.28±0.13	92.9±3.7
2岁10个月～	14.00±0.12	94.8±3.6	13.47±0.13	93.6±3.7
2岁11个月～	14.17±0.12	95.4±3.7	13.66±0.13	94.4±3.8
3岁～	14.34±0.12	96.1±3.7	13.85±0.13	95.1±3.8

注：23个月龄及以前为卧位身长数值，2岁及其后为立位身高数值。

表4—2　　　世界卫生组织母乳喂养0～24个月婴儿体质指数参考值（卧位身长）

男童				女童			
月龄	体质指数	月龄	体质指数	月龄	体质指数	月龄	体质指数
0	13.4±1.35	13	16.7±1.35	0	13.3±1.20	13	16.2±1.40
1	14.9±1.35	14	16.6±1.35	1	14.6±1.40	14	16.1±1.40
2	16.3±1.40	15	16.4±1.30	2	15.8±1.50	15	16.0±1.40
3	16.9±1.45	16	16.3±1.30	3	16.4±1.50	16	15.9±1.40
4	17.2±1.45	17	16.2±1.30	4	16.7±1.55	17	15.8±1.40
5	17.3±1.45	18	16.1±1.30	5	16.8±1.50	18	15.7±1.40
6	17.3±1.40	19	16.1±1.25	6	16.9±1.50	19	15.7±1.35
7	17.3±1.40	20	16.0±1.25	7	16.9±1.50	20	15.6±1.35
8	17.3±1.40	21	15.9±1.25	8	16.8±1.50	21	15.5±1.35
9	17.2±1.40	22	15.8±1.25	9	16.7±1.50	22	15.5±1.35
10	17.0±1.40	23	15.8±1.25	10	16.6±1.50	23	15.4±1.35
11	16.9±1.40	24	15.7±1.20	11	16.5±1.45	24	15.4±1.30
12	16.8±1.35			12	16.4±1.45		

2. 婴儿营养健康的判断

Kaup 指数可直接用于评价婴儿营养健康状况，如正常、肥胖及消瘦，其判读界值点及程度分类如表4—3所示。

表4—3　　　　　　　评价婴儿体质营养状况的 Kaup 指数界值点参照标准

身高（长）（厘米）	重度消瘦	中度消瘦	轻度消瘦	正常	超重	轻度肥胖	中度肥胖	重度肥胖
55～61.5	～10.0	～12.0	～<13.5	13.5～17.0	>17.0～	18.5～	20.0～	23.0～
62～139.5	～12.0	～13.5	～<15.0	15.0～18.0	>18.0～	20.0～	21.5～	25.0～

对身长在62厘米以下的婴儿，其中部分婴儿由于配方奶粉过度喂养其体质量绝对值的增长远大于相应的身长增长，以致 Kaup 指数可能已进入超重或肥胖的范畴，但不宜立即理解为肥胖，而要定期测查身长、体质量，并观察添加辅食，直至进食婴儿期日常膳食后再作判断。Kaup 指数的正常范围在13.5～17.0。

对身高（长）在62厘米及以上的婴儿：Kaup 指数在15～18为正常，低于15为消瘦，高于18为超重，高于20为肥胖。

3. 健康检查及评价

在我国，危害婴儿健康的四种常见病是肺炎、腹泻、佝偻病和贫血，而营养失衡既是这些疾病的基础，也是这些疾病发展后的必然后果。部分婴儿由于喂养不当、膳食安排不合理发生营养不良，在此基础上较易发生各种疾病。通过定期健康检查既可了解婴儿的生长发育状况，又可能及时发现与营养素缺乏有关的症状和体征，为诊断营养性疾病提供早期线索或佐证。

可能与营养有关的症状体征见表4—4。

表4—4　　　　　　　临床症状体征与可能缺乏的营养素相应检索表

身体部位	症状体征	可能缺乏的营养素
全身	体质量低下、发育迟缓（身高不足）	能量营养素 — 蛋白质、钙、磷、维生素
	食欲缺乏、疲倦、乏力	维生素 B_1、B_2、C、烟酸
	膝腱反射过敏或消失、下肢水肿	维生素 B_1、蛋白质
头发	缺少光泽、稀疏而少、易掉	能量营养素 — 蛋白质、维生素 A、胡萝卜素
脸	脸鼻和唇缺少油脂、面色苍白	维生素 B_2、蛋白质
	"满月"脸	蛋白质
眼	结膜苍白、巩膜泛蓝	铁（贫血）
	毕脱氏斑、结膜干燥、角膜干燥或软化	维生素 A、胡萝卜素
	睑缘炎、角膜血管新生、周边充血	维生素 B_2

续表

身体部位	症状体征	可能缺乏的营养素
唇	口角炎、口角结痂、唇炎	维生素 B_2
舌	猩红、舌乳头增生	烟酸
	品红舌、慢性舌炎	维生素 B_2
齿	斑釉齿	氟过多
齿龈	海绵状出血	维生素 C
腺体	甲状腺肿大、腮腺肿大	碘
皮肤	干燥、毛囊角化、粉刺、瘀点	维生素 A、胡萝卜素
	糙皮性皮炎、	烟酸
	皮下出血、出血点	维生素 C、维生素 K
	阴囊与会阴皮炎	维生素 B_2
皮下组织	水肿	能量营养素—蛋白质
	皮下脂肪过少	能量营养素—脂肪
指甲	凹形甲、匙状甲	铁
肌肉及骨骼系统	肌肉萎缩	蛋白质、其他能量营养素
	颅骨软化、骨骺增大、前囟迟闭、方头"O"形腿，肋骨串珠	维生素 D、骨胶原、钙
	肌肉骨骼出血	维生素 C、维生素 K
脏器	肝大	蛋白质、其他能量营养素
	心脏肥大、心动过速	维生素 B_1
精神	精神错乱、呆滞、智能低下	维生素 B_1、烟酸、碘
神经系统	精神性运动改变	蛋白质、其他能量营养素
	感觉丧失、位置感丧失、震动感丧失	维生素 B_1
	腓肠肌触痛、肌肉无力	

注：各种可能缺乏的营养素，不能自己判断，要由医生经过相应检查后确定。

婴儿期 3 个月、6 个月、9 个月、12 个月时，必须带婴儿进行体检。

第二节　计划免疫

一、预防接种与计划免疫

预防接种是通过人工制备的抗原或抗体，通过适宜的途径接种于机体，使个体和群体产生某种抗病能力。

计划免疫是根据疫情监测和目的人群免疫状况的分析，按照规定的免疫程序，有计划地利用疫苗对人群进行的预防接种，以提高人群的免疫水平，达到控制以至最终消灭相应传染病的目的。包括人工自动免疫和人工被动免疫。

二、婴儿接种疫苗类型（不同地区略有变化）

1. 第一类疫苗（国家免费提供，可预防 12 种疾病）

出生：卡介苗、乙肝疫苗；

1 月龄：乙肝疫苗；

2 月龄：脊灰疫苗；

3 月龄：脊灰疫苗、百白破疫苗；

4 月龄：脊灰疫苗、百白破疫苗；

5 月龄：百白破疫苗；

6 月龄：乙肝疫苗、流脑疫苗；

8 月龄：麻风二联疫苗；

9 月龄：流脑疫苗；

1 岁龄：乙脑疫苗；

18 月龄：甲肝疫苗、百白破疫苗、麻风腮疫苗；

2 岁：甲肝疫苗；

3 岁：A＋C 流脑疫苗。

2. 第二类疫苗（国家免疫规划外疫苗，是公民自费并且自愿受种的疫苗）

第二类疫苗，如水痘疫苗、流感疫苗、b 型流感嗜血杆菌疫苗、口服轮状病毒疫苗、流脑 A＋C 群结合疫苗等，也必须按照免疫流程接种。

三、预防接种后的反应

多数不会引起严重反应，但由于每个孩子的体质不同，预防接种后，可能会出现一些轻重不同的反应。

主要有局部和全身反应，发生过敏反应的很少。局部反应：一般在接种疫苗后 24 小时左右局部发生红、肿、热、痛等现象。红肿直径可达 2.5 厘米。全身反应主要表现为发热。但是个别孩子也可能出现异常反应，如昏厥、过敏性休克，因此不论接种何种疫苗，均应在接种后在医院内观察 30 分钟再离开。回家后不论出现何种症状都应与接种单位联系，报告情况，必要时返回接种地，让医生处理。

接种后 3 个月，遵嘱到当地预防所复查接种是否成功。

打针后 2～3 天内应避免剧烈活动，注意注射部位的清洁卫生。一天内不要洗澡，以防局部感染。

1. 接种卡介苗的反应

新生儿接种后两周左右会在注射的局部出现反应。在接种部位出现红肿，并形成肿块，以后肿块的中央逐渐变软，形成小脓包，当小脓包自行破溃后，可渗出黄白色的脓液，此时局部形成溃疡，并结痂，还可能再流脓，这样反复多次，最后经过 2～3 个月痂皮脱落，形成一颗永久性的略凹陷的圆形疤痕。

在此期间要注意局部清洁，防止继发感染。若有继发感染者，要在医生指导下护理，不可自行排脓或揭痂。

2. 接种乙型肝炎疫苗的反应

接种后常见的不良反应是注射部位 24 小时内可能感到疼痛，2～3 天内，即可消失。

四、婴儿不宜接种疫苗的情况

1. 患传染病后正处于恢复期或有急性传染病接触史而又未过检疫期的婴儿不宜接种疫苗。

2. 近一个月内注射丙种球蛋白者。待以上疾病恢复正常后，即可进行常规接种。发现有免疫缺陷时，不能进行任何预防接种。

3. 正在患感冒或因各种疾病引起发热的婴儿，若打预防针，会使体温升高，诱发或加重疾病。

4. 有哮喘、湿疹、荨麻疹及过敏性体质的婴儿，打预防针后易发生过敏反应。

5. 有癫痫和惊厥史的患儿打预防针，尤其是打乙脑或百白破混合制剂的，易使婴儿发生晕厥、抽风和休克等。

6. 有严重佝偻病的孩子不宜用婴儿麻痹糖丸疫苗。

7. 患急慢性肾脏病、活动性肺结核、严重心脏病、化脓性皮肤病、化脓性中耳炎的婴儿，打预防针后可出现各种不良反应，使原有的病情加重。

8. 仔细阅读免疫接种知情同意书，尤其是"接种禁忌"，认真填写孩子的相关信息，供医生参考，确定是否进行预防接种，并由婴儿家长或监护人签名。

五、新生儿疾病筛查

目前国内新生儿疾病筛查包括：苯丙酮尿症、甲状腺功能低下以及耳聋基因检查，须在完全喂养 72 小时后，出生 20 天内完成，需在足跟上采血 5 个血片（直径为 1 厘米大小），52 个工作日通过网上便可查询，若有问题，筛查中心会第一时间与家长联系。因此，地址、联系电话、联系人必须如实填写，以便孩子在最短时间内获得干预、减少残疾。听力筛查，若在医院内没有完全通过，应遵医嘱，及时复查，及早发现异常，早期诊断、早期干预，促进其言语—语言的发育。

第三节　婴儿常见疾病的保健与护理

一、新生儿脐炎

1. 病因

脐部如果护理不当，极容易受细菌感染，引起脐部发炎。

2. 常见的致病菌

金黄色葡萄球菌、大肠杆菌、溶血性链球菌等。

3. 预防办法

在脐带未脱落以前，需保持局部清洁干燥，每天用 75％的酒精棉签轻拭脐带根部 2～3 次，一直到无分泌物，即可等待其自然脱落。

脐带脱落之后，脐窝内常常会有少量渗出液，此时仍用 75％酒精棉签继续消毒脐窝，直至脱落后 8 天，局部完全愈合为止。

切忌往脐部撒消炎药粉，如果脐窝有脓性分泌，其周围皮肤有红、肿、热，应送医院诊治。

二、新生儿尿布性皮炎

1. 原因

（1）被大小便浸湿的尿布未及时更换，尿中的尿素被粪便中细菌分解的尿素产生的氨类物质刺激皮肤所引起的，粪便中的真菌也可对皮肤产生刺激，使 pH 值升高，也可引起炎症。

（2）部分也可由尿布本身质量引起。

2. 临床表现

（1）婴儿接触尿布的部位出现皮肤发红，先是小红点，逐渐转变为片状红斑，逐渐出现丘疹，水泡，糜烂等。

（2）严重的可至皮肤破溃，呈片状。女婴可蔓延到会阴及大腿内侧。男婴可见睾丸部受侵，可继发细菌、念珠菌感染，出现脓疱或溃疡。

3. 预防办法

（1）勤换尿布：大小便后及时更换尿布，尤其在大便后，要用温水冲净肛门及周围皮肤。

（2）不使用让婴儿感觉不适和皮肤过敏的尿布，橡皮布、塑料布不能直接接触婴儿的皮肤，也不要包扎在尿布外，致使尿液不能及时蒸发。

（3）每次便后，忌用热水和肥皂洗臀部，应用温水冲洗后轻轻擦干，涂些专用护臀膏。

4. 家庭护理

对已患轻度尿布性皮炎的婴儿，可抹鞣酸软膏。有糜烂者，遵医生要求涂药。尽量暴露皮炎部位，保持干燥。

三、新生儿黄疸

新生儿黄疸是新生儿常见症状之一，在出生的第一周内的足月新生儿有 50% 会出现黄疸，早产儿 80% 会出现黄疸。但也可能是某些疾病的表现，严重者可致脑损伤。新生儿黄疸有生理性和病理性两种。

1. 生理性黄疸

黄疸出现的时间：黄疸在第 2～3 天出现，平均在第 4～5 天到达高峰，在 1～2 周之内会消失，早产儿的黄疸持续会比较久。

黄疸的程度：黄疸颜色的深浅可以请教医师，或由验血决定，胆红素的数值足月儿小于 12.9 毫克/100 毫升，早产儿小于 15 毫克/100 毫升。

黄疸出现的部位：新生儿黄疸大都是由脸部先开始，再严重时才会影响到身体与四肢手脚。

注意事项：

（1）在正常柔和的日光下检查黄疸比较准。

（2）发现身体躯干部分有黄疸时，如果膝盖以下的皮肤也出现黄疸，需要到医院检查，测定血胆红素值。

2. 病理性黄疸

黄疸出现得早，生后 24 小时内即出现，黄疸程度重，血清胆红素大于 12.9 毫克/100 毫升，黄疸持久，出生 2～4 周后黄疸仍持续不退甚至加深，或减轻后又加深，黄疸进展较快，每天超过 5 毫克/100 毫升，伴有贫血、大便颜色变淡、体温不正常、食欲不佳、呕吐等表现。

有病理性黄疸时应引起重视，因为它常是疾病的一种表现，应寻找病因。引起病理性黄疸的原因有以下情况：

（1）胆红素的产生量太多。胆红素是由红细胞破坏后的成分产生的，如果是红细胞破坏的量越多，产生的胆红素的量就越大。常见原因有：母子血型不合；体内或皮下出血；蚕豆症等。

（2）感染。新生儿在母亲身体内的感染，如麻疹、梅毒、巨细胞病毒等，均可使黄疸加重。

（3）胆道的先天性阻塞。不能将肝脏制造出的胆汁正常排出至肠内，胆汁内的胆红素回流至血液内，造成黄疸。如果婴儿出生后黄疸一直持续不退，逐渐有肝脏、脾脏肿大现象，大便呈灰白色、像石灰土一样，尤其再加上检验时发现胆红素中的"结合胆红素"过高的时候，应考虑到这种诊断。

（4）出生时窒息、缺氧或生后胎粪排出延迟者，黄疸往往较重。

（5）先天性甲状腺功能低下（克汀病）患儿的黄疸消退常延迟。

（6）母乳性黄疸。约 30% 左右母乳喂养的婴儿会出现母乳性黄疸。母乳引起的黄疸，出现的时间较慢，约生后 1 周左右才较明显，可以考虑暂停母乳 3 天，用配方奶取代，黄疸会自然降低。不建议贸然把母乳全部停掉。如果婴儿出现黄疸时必须把以上所提各项与疾病有关的原因全排除后，再考虑母乳原因。

3. 新生儿黄疸预防

婴儿和乳母应避免接触能诱发溶血的药物、化学物品，生后 24 小时内，尤其要注意早吸吮，勤吸吮促进胎便早排。生后尽早开始进食可以使胎粪较早排出，而且建立肠道的正常菌群，从而减少胆红素自肠道吸收。新生儿有黄疸时要避免使用磺胺药、阿司匹林和含苯钠酸钠的药物。

四、湿疹

1. 病因

湿疹是一种常见的、由内外因素引起的一种过敏性皮肤病感染，常常很难明确病因，如有的婴儿吃了鱼、虾、牛奶、母乳、蛋等致敏物就可以诱发湿疹。

2. 临床表现

（1）渗出型湿疹。常见于肥胖型婴儿，初起于两颊，发生红斑、丘疹、丘疱疹，常因剧痒搔抓而显露有多量渗液的鲜红糜烂面。严重者可累及整个面部甚至全身。如有继发感染可见脓疱及局部淋巴结肿大、发热。

（2）干燥型湿疹。多见于瘦弱的婴儿。好发于头皮、眉间等部位，表现为潮红、脱屑、丘疹，但无明显渗出。慢性时也可轻度浸润肥厚，有皲裂、抓痕或结血痂。常因阵发性剧烈瘙痒而引起婴儿哭闹和睡眠不安。

3. 预防

婴儿皮肤娇嫩，应避免摩擦或使用刺激性大的肥皂。内衣应柔软、宽松和清洁，丝毛织品的衣着不要直接接触皮肤。同时应避免紫外线直接照射。要特别注意某些容易引起过敏的食品，如婴儿对牛奶过敏，父母应将牛奶多煮沸几次以破坏致敏的蛋白质，或用豆浆代替牛奶。如对鸡蛋、鱼、肉过敏，也应力求避免。

如果孩子是母乳喂养，那么母亲也应该避免吃海鲜等易过敏食物。

4. 护理

湿疹部位勿用水洗，特别不能用热水和肥皂；可以用消毒的植物油或液状石蜡擦拭。饮食方面，尽量找出过敏源。去医院化验，找出过敏源（如尘螨、花粉）等。

5. 治疗

对症局部治疗或全身治疗，一定按医生的治疗方案实施，不可自行治疗。

五、发热

1. 定义

一般认为体温比平时所测温度偏高，即为发热，一般使用腋表测量。正常体温 36～37℃。如只是偶尔一次体温达 37.4℃，全身情况良好，可不认为是病态。肛温超过 37.8℃，舌下温度超过 37.5℃，腋下温度超过 37.4℃均为发热。发热的判断按体温高低分为 4 类。腋表显示不大于 38℃为低热，38～39℃为中度发热，39～41℃为高热，超过 41℃为超高热。

发热是机体的防卫反应，体温可随性别、年龄及种族不同有所变化。正常体温受昼夜及季节变化影响，夏季体温稍高。喂奶、饭后、活动、哭闹、衣服过厚、室温过高等都可使体温有暂时性的增高，达到 37.5℃左右。相反如果饥饿，保暖条件差等也可使婴儿体温降到 36℃以下。

2. 测量体温的方法

测量体温前先要检查体温表的水银柱是否在 35℃以下。将体温表拿起，置于两眼水平线前方，使不透明水银柱正对双眼读出刻度，如在 35℃以上，应用手腕力甩动使其下降。

用体温计测完体温取出后，只要不再甩动，水银柱就不会因外界温度的变化而变化。把体温计放在眼前平视观看，可稍微转动体温表，即可看见里面银灰色水银柱，水银柱的顶端对照刻度即此次所测得温度。

（1）腋温测量方法。测腋温比较温和，最常用。一般家庭用的体温计就可以测量。先检查体温计的读数是否在 35℃以下，接着把婴儿的腋下的汗擦干，然后将有水银头一端由前方斜向后上方插入腋窝正中，紧贴皮肤，手臂紧靠胸廓，给孩子披上衣服，尽量使腋窝形成封闭的腔，5～10 分钟后可取出体温计读数。电子测温计须仔细阅读说明，按说明要求确定测温时间。

（2）耳温的测量方法。耳温枪以红外线侦测，快速、温和、准确，是新手妈妈给婴儿测体温时最方便的帮手。使用耳温枪时，将婴儿耳郭往后上方拉，顺着耳道方向将它插入外耳道入口，探头对准耳朵内的鼓膜，获得温度。由于耳温枪操作方便、容易携带，免除了玻璃体温计易碎的弊端，受到不少家长的青睐。若感觉显示的体温不正常，改换腋下测量。

3. 无体温计时判断孩子是否发热的方法

（1）触觉测试法。家长在自己没有发热的情况下，用额头轻触孩子的额头，如有热感，表明孩子可能有发热。

（2）乳头测试法。母乳喂养的孩子如果发热，哺乳时母亲的乳头会有灼热感。

（3）外表特征观测法。发烧时脸部会潮红，嘴唇干热，并会哭闹不安。

（4）尿液观察法。发烧后，其尿量较少、色较深，尿液温度高。

4. 发热的护理

（1）体温是身体健康的警铃，体温升高表明体内有了病变。体温超过 38.5℃，就应采用物理降温或药物降温，并尽快送医院诊治，防止热惊厥。

（2）维持家中的空气流通，维持房间温度于 20～25℃。脱掉过多的衣物，多喝水。

（3）温水拭浴：将身上衣物解开，用温水（37℃）毛巾全身上下搓揉，如此可使皮肤的血管扩张将热量散出，另外水汽由体表蒸发时，也会吸收体热。

（4）使用退热贴，退热贴的胶状物质中的水分汽化时可以将热量带走，不会出现过分冷却的情况。

（5）退热处理后半小时要复测体温。

六、急性上呼吸道感染

急性上呼吸道感染，简称"上感"，是婴儿时期最常见的感染性疾病，一年四季皆可发病，以冬春季节发病率最高。90％以上"上感"是由病毒感染引起，后期易继发细菌感染。

1. 病因

（1）与婴儿呼吸道生理特点有关。

（2）与某些疾病（营养不良、佝偻病等）、气候变化、护理不当等有关。

2. 临床表现

表现轻重不一，与年龄、病原体和机体抵抗力有关。

（1）全身及呼吸系统。可骤然起病，表现为高热、精神萎靡；也可于受凉后 1～3 天出现鼻塞、打喷嚏、流涕、干咳等症状。

（2）消化系统。常有食欲缺乏、呕吐、腹泻等症状。

3. 护理

（1）卧床休息。

（2）居室要保证空气新鲜湿润。

（3）发病期间，要吃清淡易消化的流食或半流食，忌食生冷寒凉食物。

（4）注意多喝水，多吃青菜、水果。

（5）不要穿太多，室温适宜。

（6）促进排便。

4. 预防

流行季节少去公共场所；尽量采用母乳喂养，及时添加辅食，预防贫血及佝偻病；增强婴儿自身免疫功能。

七、婴儿急疹

婴儿急疹是一种婴儿急性传染病，是一种自限性疾病，也叫婴儿玫瑰疹。可获得比较巩固的免疫力，再次发病的情况比较少见。由人疱疹病毒 6 型引起的婴儿期发疹性热病，特点是持续性高热 3～5 天，热退疹出。

1. 临床表现

婴儿急疹多发生于 6～18 个月的婴儿，常常是突然发病，体温迅速升高，常在 38～40℃。发热 3～5 天后体温骤降。退热后 9～12 小时婴儿全身可出现大小不等的淡红色斑疹或斑丘疹，先从胸腹部开始，很快波及全身，主要散布在躯干、颈部、上肢，皮疹间有 3～5 毫米空隙，偶尔在皮疹周围可见晕圈，几小时后皮疹开始消退，2～3 天消失，无色素沉着及脱屑。

2. 治疗

婴儿患了急疹一般不用特殊治疗，只要加强护理和给予适当的对症治疗，几天后就会痊愈。

3. 护理

注意休息，少去户外活动，注意隔离，避免交叉感染。发热时要多饮水，给予容易消化的食物。如果体温较高，婴儿出现哭闹不止、烦躁等情况，可以给予物理降温或适当应用退热药物，以免发生热惊厥。

八、手足口病防治

手足口病是婴儿的常见疾病。发热、口腔溃疡和疱疹为特征。

初始症状为低热、食欲减退，常伴咽痛。发热1～2天后出现口腔溃疡，开始为红色小疱疹，然后常变为溃疡。口腔疱疹常见于舌、牙龈和口腔颊黏膜。1～2天后可见皮肤斑丘疹，有些为疱疹，皮疹不痒，常见于手掌和足底，也可见于臀部。有的病人仅有皮疹或口腔溃疡。

少数病人可出现中枢神经系统、呼吸系统损害，可引发无菌性脑膜炎。

1. 病源

有数种病毒可引起手足口病。常见的是柯萨奇病毒A16型，其次柯萨奇病毒A的其他株或肠道病毒71型。

2. 传染性

手足口病有中度传染性。直接接触感染者的鼻和咽分泌物或粪便即可传染。在发病的第一周传染性最强；不会在人和动物或宠物间传播。

潜伏期：通常是3～6天。发热是常见的首发症状。

易感性：主要发生在3岁以下的婴儿。感染后只获得该型别病毒的免疫力，对其他型别病毒再感染无交叉免疫，即患手足口病后还可能因感染其他型别病毒而再次患手足口病，以夏季和早秋较常见。

3. 并发症

可能会产生的并发症有：心肌炎、脑炎、脑膜炎、弛缓性麻痹。

4. 手足口病的治疗

无特效治疗方法，需对症治疗，防止并发症。重症病人需注院抢救。

对症治疗：抗病毒药物、清热解毒中草药、维生素B和维生素C。有并发症的可给予丙种球蛋白。做好护理，注意口腔卫生。进食前后可用生理盐水或温开水漱口。食物以流质及半流质等无刺激性食品为宜。

5. 预防措施

注意个人及环境卫生，加强监测，及早发现病例，病例隔离。

九、婴儿腹泻病

婴儿腹泻发生年龄为6个月～2岁，小于1岁者约占50%。

发生季节：四季均可发病。病毒性常发于秋末、春初，细菌性常发于夏季，非感染性腹泻的季节性不明显。婴儿腹泻是造成婴儿营养不良，生长发育障碍的主要原因。

1. 发生原因

（1）易感因素（内因）。消化系统发育不成熟、机体防御功能差、人工喂养。

（2）感染（外因）。肠道内病毒感染、肠道内细菌感染、肠道内真菌感染、肠道内寄生虫感染、肠道外感染等。

（3）非感染因素。喂养及护理不当、喂养质和量不当、喂养不定时、不定量，突然改变食物品种。环境、情绪影响；天气过热，腹部受凉。食物过敏及吸收不良；牛奶、豆浆过敏；酶的缺乏、脂肪泻。

2. 临床表现

轻型：腹泻、呕吐、腹痛。

重型：脱水，不同程度、不同性质。代谢性酸中毒。电解质紊乱：低血钾、低血镁、低血钙。全身中毒症状：发热、烦躁、萎靡、嗜睡、昏迷、休克。

大便次数增多，轻者每天 4～6 次，重者每天 10 次以上。大便性状改变，黄色或黄绿色稀水便或糊状便，可有黏液或脓血。脱水性质的临床判断。

3. 护理原则

（1）调整饮食、减轻胃肠道负担。

（2）控制感染、合理应用抗生素。

（3）纠正水及电解质紊乱。

（4）加强护理，避免继发感染。

4. 家庭护理方法

（1）及时补充身体水分

1）自制糖盐水。在 500 毫升的开水中加入葡萄糖或白糖 10 克，另外食盐 2～5 克。

2）盐米汤。米汤 500 毫升加食盐 2 克，让婴儿当开水饮用。

（2）注重饮食调理。母乳喂养的婴儿可继续母乳喂养，人工喂养的仍可给予平常的喂养方式。

需要注意的是，婴儿此时的肠胃功能尚处在恢复期，因此，进食应遵循少吃多餐、由少到多、由稀到浓的原则。

（3）注意保暖。季节变化，气温忽高忽低，很容易引起感冒、发烧，加重腹泻症状。

婴儿腹泻期间，妈妈要注意婴儿腹部保暖，如果婴儿四肢发凉，可以用热水袋保暖，但要注意防止烫伤。

（4）避免交叉感染。注意居室空气流通，家有患呼吸道感染的病人不要接触腹泻婴儿，防止交叉感染。

（5）保持臀部皮肤清洁。腹泻期间，每次大便后都要用温水冲洗，再涂些油脂类的药膏。婴儿要及时更换尿布，避免粪便尿液浸渍的尿布与皮肤摩擦而发生破溃，防止尿布疹及继发感染。

5. 预防办法

（1）对于小年龄的婴儿。鼓励母乳喂养，同时避免夏秋季断奶。人工喂养的婴儿，要注意饮食卫生和用具的消毒。在孩子食欲缺乏的时期，应减少奶量及其他食物量，可以用水代替。如果婴儿患有营养不良、佝偻病和肠道外感染时应及时治疗，可以防止腹泻发生。要注意为婴儿保暖。

（2）对于大年龄的婴儿。养成饭前便后洗手的好习惯。不喝生水，也不乱吃不洁净的食物。不吃隔夜的或不新鲜的食物。注意饮食用具、玩具的消毒。加强婴儿的身体锻炼，增强自身抵抗能力。

十、婴儿便秘

1. 病因

（1）功能性便秘，经过调理可以痊愈。先天性肠道畸形导致的便秘。这种便秘通过一般的调理是不能痊愈的，必须经外科手术矫治。绝大多数的婴儿便秘都是功能性的。

（2）大便的性质与食物成分有关。如果食物含有多量的蛋白质而缺少碳水化合物（糖和淀粉），则大便干燥而且排便次数少；如果食物中含有较多的碳水化合物，则排便次数增加且大便稀软；如果食物中含脂肪和碳水化合物都高，则大便润滑。某些精细食物缺乏渣滓，进食后容易引起便秘。

（3）有些婴儿生活没有规律，没有按时解大便的习惯，使排便的条件反射难以养成，导致肠管肌肉松弛无力而引起便秘。

某些疾病如营养不良、佝偻病等，可使肠管功能失调，腹肌软弱或麻痹，也可出现便秘症状。

2. 预防

（1）母乳喂养的婴儿发生便秘较人工喂养儿少。如果出现便秘，可在人乳喂养的同时加橘子汁、糖或蜂蜜。牛奶喂养的婴儿发生便秘，可酌减牛奶总量，在牛奶内增加糖量至 8%～10%，还可以加橘子汁、菠萝汁、枣汁或白菜水，以刺激肠蠕动。

（2）合理的食物搭配。食物中鱼、肉、蛋与谷物的比例要适当，多吃蔬菜和水果，可以让孩子吃一些玉米面和米粉做成的食物。

（3）要训练婴儿养成按时排便的习惯。从 3 月开始训练把便。1 周岁以后，每天早晨和饭后半小时让婴儿坐便盆，无论有无便意都要坐 10 分钟，一旦形成定时排便的时间，不要随意变动。

（4）多进行户外活动，增加腹肌力量，促进肠道蠕动。

3. 婴儿便秘的处理

对于发生便秘的婴儿，可用如下几种简便方法：

（1）按摩法。右手四指并拢，在婴儿的脐处按顺时针方向轻轻推揉按摩。这样不仅可以帮助排便而且有助消化。

（2）肥皂条通便法。用肥皂削成铅笔粗细、长 3 厘米左右的肥皂条，用水润湿后插入婴儿肛门，可刺激肠壁引起排便。

（3）咸萝卜条通便法。将萝卜条削成铅笔粗细的条，用盐水浸泡后插入肛门，可以促进排便。

（4）婴儿用开塞露。将开塞露注入婴儿肛门，可以刺激肠壁引起排便。这种方法尽量少用。

如果出现腹胀、腹痛、呕吐等情况，就不能认为是一般便秘，应及时送医院检查。

十一、维生素 D 缺乏性佝偻病

1. 定义

由于维生素 D 缺乏，导致体内钙磷代谢失常引起的以骨骼生长障碍为主的全身性疾病。

2. 原因

日照不足、维生素 D 摄入不足、生长发育速度快。疾病影响（肠、肝、肾）；药物影响（苯妥英钠、苯巴比妥）。

3. 预防办法

多晒太阳；尽量采取母乳喂养，多食含维生素 D 及钙磷丰富食物；积极防治慢性疾病；适当补钙，要遵医嘱补充维生素 D。

第四节　意外伤害的预防和处理

一、意外伤害的主要特点

意外伤害是全球 0～14 岁儿童第一位死因，成为威胁婴儿生命和家庭幸福的严重问题之一。意外伤害具有以下特点：

1. 1.5～3 岁婴儿发生人群最多。

2. 男童是女童的 2.5 倍，跌落伤最突出。

3. 最经常发生意外的地点是在家中。

二、意外伤害发生的可能性因素

1. 婴儿因素

（1）婴儿年龄因素

6～18 个月：从床上滚下，去不该去的地方，主动寻找物件触摸并品尝。

2～4 岁：做事时好像意愿和期望可以控制所发生的事。

（2）婴儿学习特点

学站、学走、学跑、学蹦，运动协调性差、易磕碰。不能从责备中学会东西，需要重复十余次，爱模仿。

（3）多动和好奇，运动协调性差。

（4）对环境事物缺乏认识和掌控。

（5）容易疲劳、生病或者饥饿。

2. 家庭因素

如母亲处于月经前期、疲劳或怀孕，夫妻不合，经常吵架等，都会导致对孩子照顾不周而发生意外。

3. 环境因素

使用的设备不符合安全要求或没有按安全规定做事。

三、常见意外伤害的处理

1. 表皮擦伤的处理

（1）用流动清洁水清洁伤口。

（2）碘伏清洁伤口周围皮肤。

（3）用创可贴、干净手帕等包扎止血。

（4）如果不用包扎，要避免沾水自然干燥。

2. 肌腱和软组织损伤的处理

（1）无皮肤破损，局部冷敷 1 小时。

（2）24 小时后如局部仍有红肿、疼痛，应及时就医。

3. 出血

（1）出血量少：消毒纱布或干净手绢止血。

（2）出血量多：首先急救止血并尽快送医院。

（3）急救止血的方法

1）手指压迫止血法：手指压迫血管近心端，每隔 3～5 分钟放松一次。

2）加压包扎止血法：即用消毒纱布盖在伤口上，再用绷带适度缠紧，以不出血为度。

4. 眼内异物的处理

（1）将眼皮向上拉，刺激流泪。

（2）用眼药水或凉白开水冲洗。

（3）翻开眼皮用卫生棉签擦去。

（4）处理无效，疼痛明显的，送医院。

（5）注意事项：

1）切勿用手或手绢揉擦；

2）如眼内异物是玻璃、瓷器、铁屑类或黑眼球上有嵌入，要立即送医院，让婴儿闭上眼，不要转动眼球，并用眼罩遮住双眼。

5. 外耳道异物

（1）普通异物

症状：遇水膨胀后，可引起外耳道炎。

处理方法：体积小的植物性异物，可用手将耳郭向后上方提起，让婴儿把头歪向异物侧，单脚跳，异物可能掉出来。

（2）动物性异物

症状：在耳内爬动的小虫可引起剧烈疼痛，体积大的可引起听力障碍或反射性咳嗽。

处理方法：可在耳内滴入酒精或油类，把小虫杀死，再到医院取出。也可尝试用手电筒置于耳边，昆虫可能向亮处爬出。

6. 鼻腔异物的处理

原因：多因婴儿好奇，将异物塞入鼻腔。

症状：长时间鼻塞，流带血有臭味的脓鼻涕。

处理方法：

细纸片、棉花——镊子取出；

小的异物——手按无异物的鼻孔，用棉花或纸捻刺激，使其喷出异物。如果无效，应去医院取出。

7. 咽部异物的处理

原因：以鱼刺较多见。

症状：疼痛，吞咽时加剧。

处理：应及时去医院。

提示：喝醋，或吞咽饭团、馒头等方法不可取。

8. 食道异物处理

原因：纽扣、硬币、别针、玩具零件、笔帽等放入口内玩耍，或饮食时不慎将骨片、枣核等吞入。

处理方法：小的、光滑的、球形异物，一般可自行排出；较大、较长或尖锐的异物，切勿自行处理，应及时送医院处理。

9. 气管支气管异物

（1）**诱发因素**：因为异物误吸滑入气管和支气管，产生以咳嗽和呼吸困难为主要表现的急症，多见于5岁以下婴儿。把纽扣、玻璃球、硬币等放进口中；吃豆类、果核、瓜子，吮吸果冻类食物；进食时说话、嬉闹、咳嗽；喂药方法不当。

（2）处理方法

1）倒立拍背法（小于 1 岁婴儿采用）。施救者取坐位，婴儿俯卧于施救者的前臂上，前臂可放于大腿上，手指张开托住婴儿下颌并固定头部，保持头低位，用手掌根部在婴儿左右肩胛之间用力拍打 5 次，然后把头、颈托住后小心地将婴儿翻转过来，保持头低仰卧位，在双乳头连线下一指宽处施行 5 次快速的胸部冲压，上述操作可重复进行，直到异物解除。

2）推压腹部法（较大婴儿采用）。让婴儿坐着或站着，成人站在其身后，用两手臂抱住婴儿，手握成拳形，大拇指向内放在肚脐与剑突之间，用另一只手掌压住拳头，有节奏地向上向内推压，以促使婴儿横膈抬起，压迫肺底，让婴儿肺内产生一股强大的气流，使异物从气管内向外冲出，并随气流到达口腔。

（3）注意事项

1）未排出阻塞症状且不能缓解时，要及时打"120"，到医院诊治。

2）保持头低位。

3）注意力度，防止副损伤。

10. 误服药物处理

婴儿身体解毒和排泄能力差，对药物的敏感性高，一旦发生误服药物，后果严重。

处理原则：迅速排出，减少吸收，及时解毒，对症治疗。

刺激催吐是排出胃内药物的最简便、最好的方法。用手边的方便的东西，如筷子、手指刺激咽部和咽后壁，使之引起呕吐，但强酸、强碱、汽油、煤油等因为易引起吸入性肺炎，故不可采用催吐法。要迅速送至医院，向医护人员提示，是何种药物，附带药物及包装。

11. 触电

（1）触电对人体的伤害

局部症状：轻者发麻，重者烧伤。

全身症状：心室颤动，致使心脏停搏，呼吸骤然停止。

（2）急救方法

1）切断电源。使触电者尽快脱离电流，要注意施救者不能触电。

2）现场急救。对于触电呼吸、心跳停止者，要立即现场急救。

3）急救顺序。ABC，即开放气道—A（Airway），呼吸—B（Breathing），循环—C（Circulation）。

（3）心肺复苏术

1）托起下颌，头部略向后倾 15°左右，呼吸道畅通，检查喉内有无异物。

2）嘴盖嘴鼻（婴儿盖嘴捏鼻），轻轻吹气，每分钟 20 次。每隔 4 次，检查一下是否有了呼吸。吹到恢复呼吸为止。注意胸部是否随之起伏。

3）如果口对口呼吸无效或心脏停跳，要进行胸外心脏按压。方法是：2 岁以下的婴儿采用环抱法：用一只手垫着背部，支撑起婴儿的头颈，用另一只手的两个手指，按压胸骨下部的位置。每分钟 100 次，压下的深度为 1.5～2.5 厘米，2 次人工呼吸配合 15 次压迫。

12. 烫伤的处理

（1）诱因：洗澡时水过热；热源贴得太近；热食品、饮水机、热水瓶、放鞭炮、玩火柴、打火机等。

（2）处理方法

1）烫伤后要降温，迅速用冷水冲洗。

2）脱掉衣物时不能硬脱。

3）创面涂上紫草油或烫伤药膏（禁涂牙膏、酱油，否则会影响病情的判断，造成创口感染）。

4）发现红肿、水泡，需要用干净衣物覆盖，不可弄破水泡；

5）严重烫伤的，特别是头面、颈部部位烫伤的，随时会休克，应尽快送医院；

6）衣裤着火的，要立即脱去衣裤；或用大衣、棉被、水等扑灭；着火时不可抱着孩子奔跑、呼喊；不用双手扑打，这样不但不能灭火，反而可能引起孩子头部皮肤、呼吸道及施救者双手烧伤。

13. 休克

（1）症状。皮肤发白、发冷、潮湿，呼吸快而且浅表，恶心呕吐，严重时失去知觉。

（2）救助方法。首先要让患者平卧，抬高下肢 30°，头后仰偏向一侧以保持呼吸道通畅。松开衣服，注意保暖，不要使用热水袋；不要喂食物，可以喂一点水。同时要马上拨打急救电话，送往医院。

14. 跌落伤

（1）诱因。婴儿身材矮小，喜欢登高；阳台、门窗、楼梯缺乏保护；婴儿活动区有障碍物；使用有滑轮的学步车、高脚婴儿椅；不安全的婴儿床。

（2）摔伤的处置。不要揉，越揉瘀血越厉害。

（3）疑脊椎骨折的，千万不能抱起，要固定头部，把身体放平，用木板抬到医院。

（4）头部碰撞损伤的。局部青肿，可冷敷；检查皮肤是否出血，如出血，要压迫止血，并进行处理。严密观察 24 小时：如果婴儿睡觉要 2～3 小时叫醒一次，唤醒到能清醒地讲话、走路的程度，注意观察两侧瞳孔是否大小一致。自诉头晕、头痛、疲倦、没精神，或表现为嗜睡或异常烦躁、哭闹，安慰不起作用，拒食，呕吐时，立即就诊。

四、意外伤害的预防

1. 提高认识及防范能力

（1）提高防范危险意识、保证安全是最重要的方面。

（2）提醒和教育婴幼儿逐渐认识，如什么是危险和为什么危险，如感受烫。

（3）提高婴儿的体能和智能以提高其防范能力。

2. 注意防范与婴儿密切相关的不安全方面

如食物、玩具、衣被、电、水、地面、家具、化学用品等可能的危险因素。

3. 预防的原则

（1）创造相对安全的环境。

（2）提高婴儿驾驭环境的能力。

（3）要沉着、冷静并及时处理。

第五节　预防铅中毒

一、铅的来源

环境中的铅是造成婴儿铅中毒的根本原因。自然环境中的铅可能通过地壳侵蚀、火山爆发、海啸和森林山火等自然现象而释放入大气环境中。非自然来源主要是指来自工业和交通等方面的铅排放。土壤中的铅会在婴儿玩耍时被有意无意地摄入，造成婴儿的铅中毒。室内铅尘也是婴儿铅中毒的重要来源之一。室内铅尘的含量和婴儿血铅水平呈非常明显的相关性。食物中的铅可能来自几个方面：大气中的铅直接沉积到谷物和蔬菜中；室内铅尘污染厨房中的食物；以含铅釉彩器皿储存食物造成污染；铅质焊锡制作的食品罐头对食物的污染等，其中，铅污染罐头食品的危害最大。有些食物，如爆米花、皮蛋、水果等均会含有一定量的铅污染。

含铅油漆是目前婴儿铅暴露的最主要原因。居住于含铅污染住房内的婴儿，其血铅水平明显高于居住于无铅污染住房内的婴儿。某些婴儿玩具和学习用品的含铅量普遍较高。另外，汽车尾气、油墨印刷品、染发剂等也是铅污染的来源。

二、铅进入体内的途径

1. 肠道吸收是铅吸收的主要途径。通过主动转动和被动扩散两种方式由小肠吸收入血。

2. 通过呼吸道吸收。空气中的铅经呼吸道吸入肺内，再通过肺泡—毛细血管单位吸收进入血液。

3. 经过皮肤吸收进入体内。

三、婴儿铅代谢的特点

1. 吸收多，铅的吸收率高达 42％～53％，有较多的手—口动作，较容易吸收铅。

2. 排泄少，铅的排泄率仅有 66％左右，而仍有约 1/3 的铅留在体内。

四、婴儿铅中毒危险

铅是一种多亲和性毒物，主要损害神经系统、造血系统、血管和消化系统。

五、铅中毒的表现

（1）一般状况。面色黄白、生长迟缓、体重不增、便秘、腹泻或便秘腹泻交替、腹痛、恶心、呕吐、贫血（多为小细胞缺铁性贫血）。

（2）喂养进食方面。胃纳低、拒食、偏食、挑食、异食、喂养困难。

（3）神经精神方面。头疼、头晕、情绪不稳定、烦躁不安、攻击行为、行为偏差、嗜睡、运动失调、多动、注意力短暂、认知能力下降、学龄儿进行性学习成绩下降、人际交流困难等。

（4）免疫功能低下，反复呼吸道感染。

六、预防铅中毒的措施

1. 经常给婴儿洗手

多次洗手可消除 90％～95％附着在手上的铅，避免从消化道摄入，特别要养成饭前洗手的习惯。

2. 清洗用具

凡是婴儿可以放入口中的玩具、文具或易舔触的家具均应定期擦洗去除铅。

3. 家庭定期扫除

用水和湿抹布清洗室内物品，去除铅尘；食物和餐具要加护罩，遮挡铅尘；平日经常开窗流通空气。家中成人如果从事接触铅（如印染厂、蓄电池厂）或长期在马路边工作（如汽车站、加油站）的职业，要在下班前洗手、洗澡，再进入家中。

4. 远离污染源

如尽量不要带婴儿去公路边玩耍或长期停留，以避免吸入汽车尾气和铅尘。

5. 营养协助

少吃或不吃含铅食品（如松花蛋、爆米花等）。多吃含钙食品（如牛奶、乳制品、豆制品等）、含铁食品（如蛋、肉、血、肝等）和含锌食品（如肉、海产品等）。空腹时铅的肠道吸收倍增，所以要定时进餐。

6. 食疗排铅方法

（1）含丰富的维生素 C 的食物与铅结合生成难溶于水的物质，可随粪便排出体外。每天至少摄入维生素 C 150 毫克，已有铅中毒症状者需增至 200 毫克。维生素 C 广泛存在于水果、蔬菜及一些植物的叶子，水果如橘子、柠檬、石榴、山楂，尤其是酸枣中的含量最丰富。

（2）含丰富蛋白质和铁的食物。蛋白质和铁可取代铅与组织中的有机物结合，加速铅代谢。含优质蛋白质的食物有鸡蛋、牛奶和瘦肉等；含铁丰富的绿叶菜和水果则有菠菜、芹菜、油菜、苋菜、荠菜、番茄、柑橘、桃、李、杏、菠萝和红枣等。

（3）大蒜中的大蒜素可与铅结合成为无毒的化合物，每天吃少量大蒜可减少铅中毒发生率。

第六节　婴儿保健

一、婴儿抚触

婴儿在子宫温暖的羊水中平静安详地生活了 10 个月，分娩后身体暴露在空气和光线中，这种重大的生活变迁使他们的内心感到惶恐不安，孤立无援，婴儿非常渴望身心得到慰藉。这时，如果身体能得到充满爱意的触摸，会很快使婴儿的紧张情绪得到放松，内心安宁下来，仿佛又回到曾经生长的子宫，这将会有助于婴儿新的生物钟的建立，并且日渐平衡。同时，婴儿在人生的起点就拥有积极乐观和自信生活态度，为日后融入新环境，以及适应各种情绪变化打下了心理基础。

剖宫产的婴儿缺少产道均匀有力的挤压，使身体的骨骼结构、肌肉、韧带没有进行梳理，皮肤没有得到挤压，皮肤压、痛等功能没能激活，所以，需要借助后天的抚触来弥补。

总体上讲，抚触对婴儿的作用体现在以下 4 个方面：

(1) 促进婴儿神经系统的发育。

(2) 促进睡眠，促进婴儿体格的发育。

(3) 促进婴儿智力潜能的开发。

(4) 促进婴儿情商的发展。

1. 抚触的准备

(1) 清洁双手。抚触者抚触时双手要干净、光滑，指甲要短，无倒刺，不戴首饰。应洗净双手再把润肤露涂在手上，揉搓双手温暖后再进行抚触。需要心情放松，充满爱意。

(2) 抚触时间。婴儿饥饿或进食后 1 小时内不宜做抚触，每天 1～2 次为佳，建议最好在洗澡后进行。

(3) 调节室温。温度在 24～28℃为宜。为婴儿脱掉衣服全身抚触，要避免婴儿着凉。

(4) 背景音乐。在房间可播放一些柔和的音乐，让母婴双方逐渐放松。

(5) 物品准备。准备好毛巾、尿片，及润肤油。

2. 抚触的顺序

抚触的顺序为：眉心—前额—下颌—头部（左、右）—胸部—腹部—上肢—手掌（另一侧）—下肢—脚掌（另一侧）—背部—骶部—臀部。

3. 抚触操作步骤

动作要求：每个部位的动作重复 4～6 次。

（1）头面部。两拇指指腹从眉间向两侧太阳穴的方向推，两拇指从下颌部中央向两侧以上滑行，让上下唇形成微笑状，一手托头，用另一手的指腹从前额发际抚向脑后，换手，同法抚触另一半部（见图 4—1～图 4—3）。

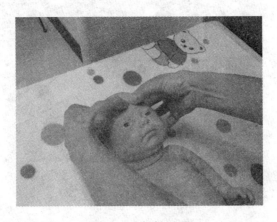

图 4—1　抚触眉心

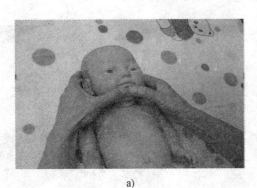

a)

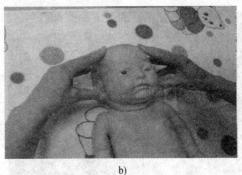

b)

图 4—2　抚触下颌

（2）胸部。两手分别从胸部外下方（两侧肋下缘）向对侧上方交叉推进，至两侧肩部，在胸部划一个大的交叉，避开婴儿的乳头（见图 4—4）。

（3）腹部。两手依次从婴儿的右下腹至上腹向左下腹移动，再移动返回右下腹部，

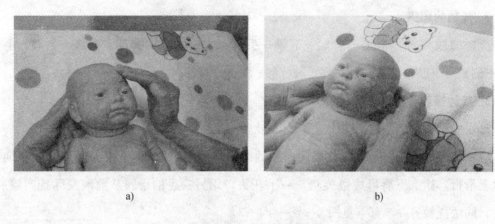

a)   b)

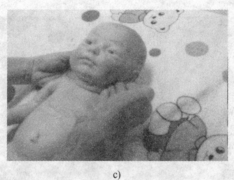

c)

图 4—3　抚触头部

呈顺时针方向画半圆，注意避开婴儿脐部和膀胱（见图 4—5）。

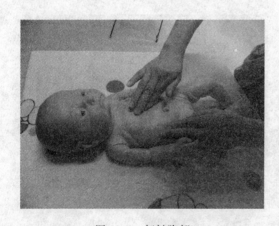

图 4—4　抚触胸部

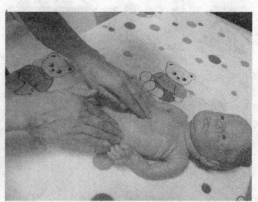

图 4—5　抚触腹部

（4）四肢。两手交替抓住婴儿的一侧上臂从上臂至手腕轻轻滑行，然后在滑行过程中从近端向远端分段挤捏，对侧及双下肢做法相同（见图 4—6～图 4—7）。

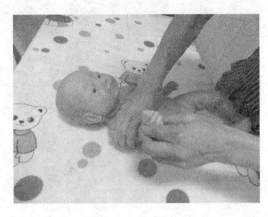

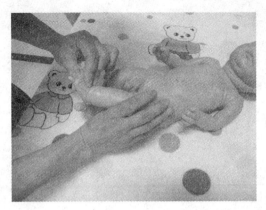

图4—6　抚触上肢　　　　　　　　　　　　　　　图4—7　抚触下肢

（5）手和足。抚触者用四指指腹从婴儿脚面向婴儿脚趾方向推进，用拇指指腹从婴儿脚跟向婴儿脚趾方向推进，并抚触每个脚趾，手和足的方法一样（见图4—8～图4—10）。

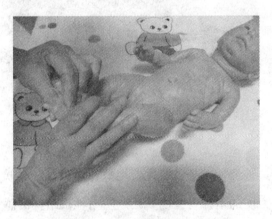

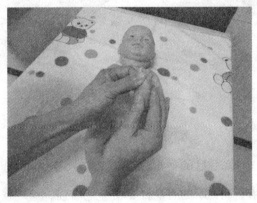

图4—8　抚触脚背　　　　　　　　　　　　　　　图4—9　抚触脚心

（6）背部。以脊柱为中分线，双手分别放在脊柱两侧，由中央向两侧滑动，往相反方向重复移动双手（见图4—11）；从背部上端开始逐步向下渐至臀部，最后由头顶沿脊柱至骶部、臀部（见图4—12）。

（7）臀部。婴儿俯卧，用手掌轻按揉臀部（见图4—13）。

4. 不同年龄婴儿的抚触原则

（1）0～3个月。温和地、随机地进行抚触。婴儿刚出生时，温和地做抚触，这会给婴儿带来很舒适的感觉。婴儿的皮肤表面是红色的，有很多神经元的末端露在皮肤外边，轻轻做抚触可以对他的身体产生足够的刺激。

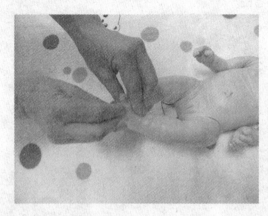

图 4—10 抚触脚指头

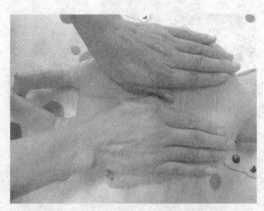

图 4—11 向两侧滑动

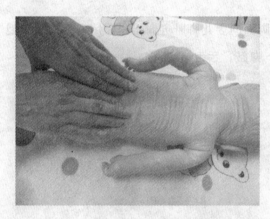

图 4—12 从上向下抚触

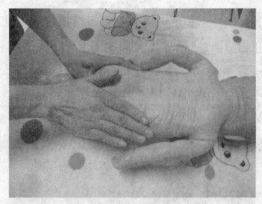

图 4—13 抚触臀部

满月后的婴儿，随着他的皮肤逐渐完善，神经元末梢就会慢慢地藏在体内，这时候给婴儿按摩的力量就要相应地增强。这时候力度的增加，会使婴儿产生一种很踏实的感觉。

(2) 4～7 个月。适当增加力度。4 个月的婴儿又有新的需求了。4 个月的婴儿皮肤更加成熟，毛细神经离皮肤的表面又远了一点，因此应该适度加大按摩的力量，尤其是隔着衣服的时候，完全可以采取更大的力量进行按摩。

(3) 8～18 个月。可增加穴位按摩。对 8 个月以后婴儿的抚触按摩，要适当加大对婴儿抚触按摩时的力量。在全身按摩的基础上可以增加对几个主要穴位的按摩。如对涌泉穴、足三里、曲池穴、神阙、大椎穴等穴位按摩，使婴儿内在的血液循环更加流畅，促使婴儿的器官成长，器官功能得到提高，为机体带来更多的成长营养。

(4) 18～36 个月。1 岁半以后，婴儿已经会跑会跳了，每天大量的活动就是一种对皮肤的按摩，婴儿尽情地活动 1～2 个小时，晚上睡觉前或在讲故事的时候，对身体的几个主要穴位进行按摩即可。

5. 抚触的注意事项

（1）抚触的时间要恰当，既不能在婴儿太饿、太饱时进行，也不能在婴儿疲倦时进行。

（2）抚触的时间一般在 10～15 分钟为宜，一天 1～2 次。根据婴儿的情绪反馈，可适当减短或延长，最长不宜超过 30 分钟/次，当婴儿情绪不佳时，应该立刻停止抚触。

（3）抚触最好由婴儿父母参与，抚触时要和婴儿有眼神、语言等情感的交流，有利于亲子关系的促进。

二、婴儿推拿保健

1. 婴儿推拿作用

婴儿推拿是以中医辨证理论为基础，以手带针，通过作用于婴儿特有的穴位来改善婴儿体质、提高机体免疫力的一种技术方法。婴儿推拿对新生儿的疾病、婴儿内科、外科等疾病均有一定的保健与辅助治疗作用。作用可以概括为：平衡阴阳、调和脏腑、疏通经络、行气活血。具体表现为：提高婴儿机体各项功能；缓解、解除婴儿病痛；未病先防、防病传变，提高婴儿抵抗力。

2. 婴儿推拿的好处

（1）操作简单。只需要双手，而不需要借助任何工具和仪器即可操作。经过系统地学习和培训，基本上就能掌握常用的穴位和操作手法。

（2）运用方便。不受场地和气候条件限制，随时随地都可以给婴儿进行推拿。

（3）效果显著。在辩证正确、取穴合理和手法得当的前提下，通常都会取得令人满意的效果。

（4）易于接受。婴儿服药困难，惧怕打针。婴儿推拿不打针、不吃药，操作时无疼痛感，婴儿易于接受。

（5）安全无副作用。婴儿推拿是一种单纯的物理手法，手法要求轻快柔和，非常安全，不会产生副作用。

3. 婴儿推拿与成人推拿的区别（见表4—5）

表4—5　　　　　　　　　　　　婴儿推拿与成人推拿的区别

区别内容	婴儿推拿	成人推拿
治疗范围	以婴儿内科疾病为主，如发烧、咳嗽、腹泻、便秘、遗尿、惊吓等	以骨科疾病为主，如颈肩腰腿痛，风湿等引起的骨关节疾病等；内科疾病如神经衰弱、高血压、紧张疲劳等
经络穴位	婴儿特有穴位	十四经络
使用手法	轻快柔和	深透有力

4. 婴儿推拿手法

（1）直推法。用拇指桡侧缘，或用食、中两指指面放在一定的穴位上，做单方向的直线推动，速度要快，动作要轻，如图4—14所示。

（2）捏法。用拇指和其他手指放在婴儿身体某一部位做对称性的挤压、捻动，称为捏法。如果用在脊柱上，就称为捏脊法。操作者拇指伸直，指面向前，与食、中两指指面相对，分别紧贴于婴儿脊柱两侧，相对用力将皮肤捏起，双手交替捻动，自尾椎至大椎穴，如图4—15所示。

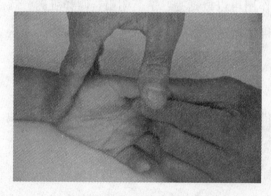
图4—14　直推法

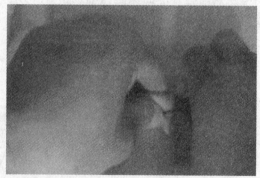
图4—15　捏法

（3）揉法。用手指端、掌根、大鱼际，固定在婴儿身体一定部位或穴位上，作顺时针或逆时针方向旋转揉动，称揉法。分别称之为指揉法、掌根揉、鱼际揉，如图4—16所示。

（4）拿法。拿法由捏、提、揉组成。用拇指与食、中指相对捏住身体某一部位或穴位，逐渐用力内收并上提，同时做持续的揉捏动作，称拿法。还有一种是用拇指与食指的指端放在婴儿身体一定部位或穴位上相对用力，一紧一松，如图4—17所示。

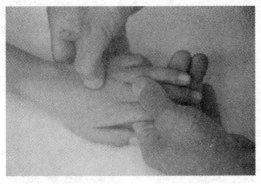

图 4—16 揉法　　　　　　　　　　　　图 4—17 拿法

　　（5）运法。用拇指或中指指端放在一定的穴位上作**弧形或环形推动**，称运法，如图4—18 所示。

　　（6）掐法。拇指垂直用力，或用指甲用力刺激婴儿**身体某一部位或穴位**，称掐法，如图 4—19 所示。

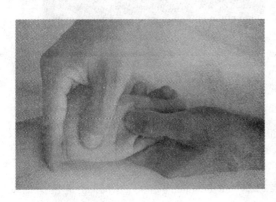

图 4—18 运法　　　　　　　　　　　　图 4—19 掐法

　　（7）搓法。用双手掌心挟住身体一定部位，相对用力作相反方向的快速来回搓动，在搓动的同时作上下往返移动，称搓法，如图 4—20 所示。

　　（8）捣法。用中指指端或食指、中指屈曲的指间关节放在一定的穴位上，作快速有节奏的叩击穴位的方法，称捣法，如图 4—21 所示。

　　5. 婴儿常用推拿部位

　　（1）脾经（见图 4—22）。拇指末节螺纹面，或者拇指桡侧缘（外侧），赤白肉际处。补脾经是自指尖推向指根；清补脾经是来回推之，为平补平泻。

图4—20 搓法

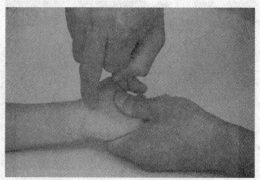

图4—21 捣法

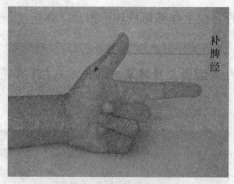

图4—22 脾经

（2）肝经（见图4—23）。食指末节螺纹面，或者食指指尖到指根。清肝经是自指根推向指尖。

（3）肺经（见图4—24）。无名指末节螺纹面，或由指根到指尖。清肺经是自指根推向指尖。

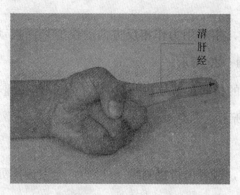

图4—23 肝经

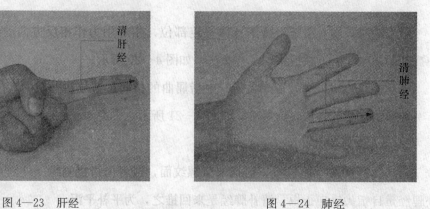

图4—24 肺经

（4）肾经（见图4—25）。小指末节螺纹面，或由指尖到指根。补肾经是自指尖推向指根。

（5）胃经（见图4—26）。大鱼际桡侧赤白肉际，掌根至拇指根。清胃经是自掌根推至拇指根。

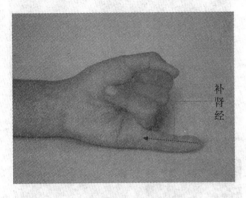

图4—25 肾经

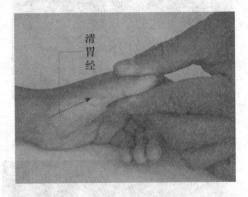

图4—26 胃经

（6）大肠（见图4—27）。食指桡侧缘，自食指尖至指根成一直线。清大肠是自指根推向指尖。

（7）小肠（见图4—28）。小指尺侧缘，指根至指尖。清小肠是自指根推向指尖。

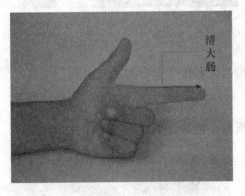

图4—27 大肠

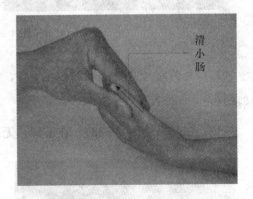

图4—28 小肠

（8）四横纹（见图4—29）。掌面食指、中指、无名指、小指掌指关节横纹处。用拇指桡侧面，来回推之。

（9）内八卦（见图4—30）。以手掌心为中点，从手掌心至中指根约2/3为半径，画一个圆圈，这个圆圈就是八卦。顺运内八卦就是按顺时针方向做运法。

（10）板门（见图4—31）。手掌大鱼际平面。揉板门是用指端揉；清板门是用拇指桡侧面，从腕部经过大鱼际平面的中心点，向拇指尖方向推。

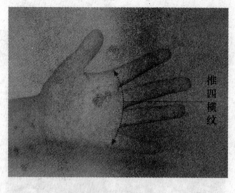

图4—29　**四横纹**

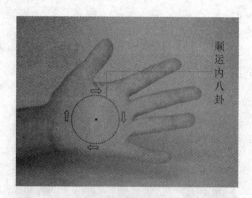

图4—30　**内八卦**

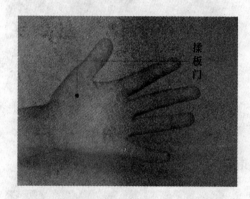

图4—31　**板门**

（11）外劳宫（见图4—32）。在手背，中指与无名指掌骨中间，与内劳宫相对，用指端揉。

（12）二马（见图4—33）。在手背，无名指与小指掌骨小头凹陷处，用指端揉。

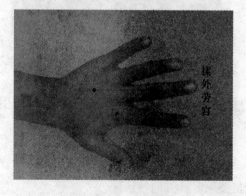

图4—32　**外劳宫**

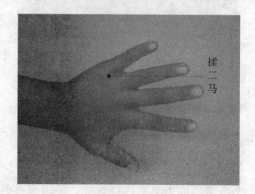

图4—33　**二马**

（13）小天心（见图4—34）。大小鱼际交界处，用中指指端做捣法。

（14）五指节（见图4—35）。手掌背面手指的各个关节，用拇指指甲做掐法。

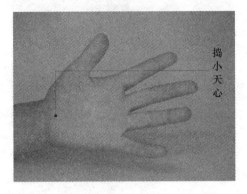

图4—34　小天心

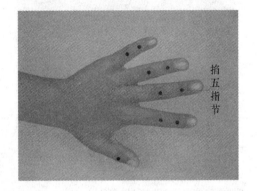

图4—35　五指节

（15）膊阳池（见图4—36）。前臂，一窝风上3寸凹陷处，用指端揉。

（16）天河水（见图4—37）。前臂掌侧正中，腕横纹至肘横纹成一直线，用食指和中指的指腹，自腕横纹推向肘横纹。

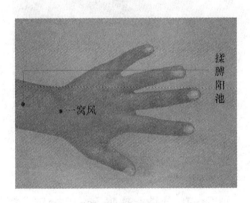

图4—36　阳池

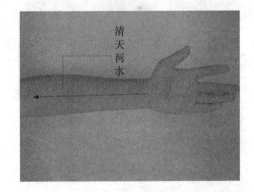

图4—37　天河水

（17）三关（见图4—38）。前臂桡侧，腕横纹至肘横纹成一直线，用直推法。

（18）膻中（见图4—39）。两乳连线的中点，用推法或指端揉。

（19）胁肋（见图4—40）。腋下两侧肋部，用搓法。

（20）腹（见图4—41）。腹部，面状穴，用

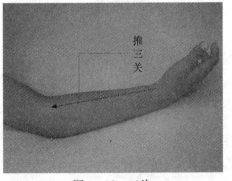

图4—38　三关

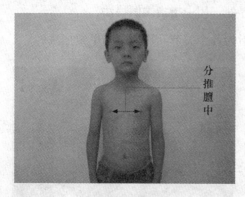

图 4—39　膻中

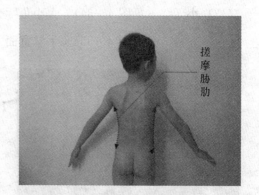

图 4—40　胁肋

手掌或四指指腹做揉法。

（21）脊柱（见图 4—42）。第七颈椎至尾骨椎成一直线，用捏法。

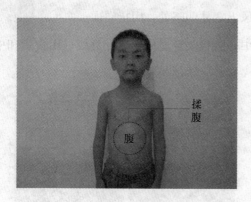

图 4—41　腹

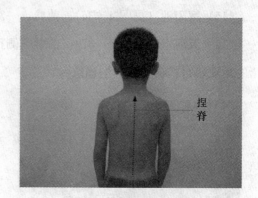

图 4—42　脊柱

6. 婴儿日常保健的推拿方法

（1）提高免疫力。补脾经 5～10 分钟、揉二马 5～10 分钟、揉腹 5～10 分钟、捏脊 5 遍。

（2）益智。揉二马 5～10 分钟、补肾经 5～10 分钟、揉膊阳池 5～10 分钟、捏脊 5 遍。

（3）增高。补脾经 5～10 分钟、揉二马 5～10 分钟、推三关 5～10 分钟、清肝经 5～10 分钟、捏脊 5 遍。

（4）健脾和胃保健法。补脾经 5～10 分钟、揉板门 5～10 分钟、顺运内八卦 5～10 分钟、揉腹 5～10 分钟、捏脊 5 遍。

（5）健脾保肺保健法。补脾经 5～10 分钟、清肺经 5～10 分钟、分推膻中 2～5 分钟、搓摩胁肋 2～5 分钟、捏脊 5 遍。

（6）安神保健法。清肝经 5～10 分钟、清天河水 5～10 分钟、捣小天心 1～3 分钟、掐五指节 5 遍。

7. 婴儿常见病的推拿方法

（1）食积。清脾胃 5～10 分钟、补脾 5～20 分钟、顺运内八卦 5～10 分钟、推四横纹 5～10 分钟、揉腹 5～10 分钟、捏脊 5 遍。

（2）婴儿吐奶。清补脾经 5～10 分钟、清胃经 5～10 分钟、清板门 5～10 分钟、揉腹 5～10 分钟。

（3）婴儿湿疹（奶癣）。补脾经 5～10 分钟、清大肠 5～10 分钟、清小肠 5～10 分钟、清天河水 5～10 分钟、揉二马 5～10 分钟。

（4）新生儿黄疸。清补脾经 5～10 分钟、清胃经 5～10 分钟、清肝经 5～10 分钟、清天河水 5～10 分钟、揉二马 5～10 分钟。

（5）夜啼（脾寒啼）。补脾经 5～10 分钟、揉外劳宫 5～10 分钟、清肝经 5～10 分钟、捣小天心 1～3 分钟、掐五指节 5 遍。

8. 婴儿推拿的注意事项

（1）强调手法的补泻作用。

（2）室内清洁，温度适宜。

（3）操作前修剪指甲，并洗净双手，忌戴首饰。

（4）选用合适的介质如葱汁、姜汁、滑石粉等介质进行推拿，这样既可保护婴儿皮肤不致擦破，又增强手法的治疗作用。

（5）凡皮肤破裂、溃疡、创伤等外科疾患不宜采用推拿保健。

（6）在实际操作过程中，根据婴儿体格的强弱，病情的轻重，灵活掌握，酌情增减施术次数。

第五章　婴儿教育与训练指导

一、婴儿大运动训练指导

1. 0～3 个月

此时婴儿大运动主要表现在头部的发育。1 个月的婴儿，俯卧时头只能稍稍抬起一下，很快又下垂，扶坐时头低垂。2～3 个月，婴儿俯卧时头开始能抬起来，与床面成 45°角，扶坐时头能一晃一晃地竖一下。3 个多月的婴儿俯卧时能抬头达 90°，抬头较稳，扶坐头向前倾，但头竖得稳。

2. 4～6 个月

这时的婴儿全身肌肉功能逐渐加强，婴儿就不愿意老老实实地躺着。4 个月左右的婴儿开始翻身，先能从仰卧位翻成侧卧位，以后能从仰卧位翻成俯卧位，再从俯卧位翻到仰卧位。5 个多月时婴儿俯卧时，能用肘支撑着将胸抬起，但腹部还是靠着床面。仰卧时喜欢把两腿伸直举高。到了 6 个多月，翻身动作已相当灵活。会翻身的婴儿，活动自由度大，接触的范围及物体也多了，这对婴儿认识、探索外界世界有相当的好处。

随着头部颈肌发育的成熟，婴儿的头能稳稳当当地竖起来了，这时他们就不愿意被家长横抱着，喜欢被大人竖起来抱，这样婴儿就开始了靠坐，向坐位迈开了第一步。腰部肌肉逐渐发育，靠坐时腰能伸直。6 个月时双手向前撑住能坐片刻。婴儿从卧位发展到坐位是动作发育的一大进步。取坐位使婴儿的视野大大地扩展，能更好地接受外界的信息，对智力发展相当有利。这时候婴儿尽管还不能够站立，但两腿已能支撑大部分的体重。

让婴儿练习翻身，可以锻炼背、腹部、四肢肌肉的力量。开始时先从仰卧翻到侧卧，父母可以用玩具在婴儿身体上方的一侧慢慢移向另一侧，引导婴儿并帮助他完成翻身动作。以后再锻炼他从侧卧翻到俯卧，最后从俯卧翻成仰卧。婴儿开始练坐时，可在他背后放个大垫子，帮助平衡，逐渐再让他由靠坐向独坐发展。这些大运动训练每次只要花上几分钟就可以了，以婴儿不感到疲劳，不表现出哭闹为宜。

大约在5～6个月的时候，婴儿就为爬作准备，他们会趴在床上，以腹部为中心，向左右挪动身体打转转，渐渐地会匍匐爬行，但腹部仍贴着床面，四肢不规则地划动，往往不是向前爬而是向后退。

3. 7～9个月

婴儿到了7个多月，家长会发现他们变得"调皮"了，坐不好好坐，站又不会站，抱起来后上窜下动，左右环顾，手脚不停，没有安静的时候。这是因为婴儿的自主动作多了，活动能力加强了，就显得活泼好动，这时候需要家长仔细地看护。大部分7个多月的婴儿已经会坐了，开始会用双手支撑着，身体略为前倾。过一阶段，就不需要手帮忙，完全可以自己独坐，手里还拿着玩具玩。大约到了8个多月时，婴儿坐得相当稳了，不但会坐着玩，还会自如地转动上身，不会倾倒。有了这个能力，婴儿才完成了坐的全部动作。

从4个多月开始靠坐到8个多月时独坐，坐的动作大约需4个月左右的磨炼，可见婴儿学会一个动作是相当不容易的。在训练婴儿动作时，不可急于求成，对婴儿要宽容些，要耐心，只要每天都能保证婴儿有锻炼的机会，日久就会见效果，婴儿学习其他方面的能力也是这样。当然，也不要太保护婴儿，怕这怕那，整天抱着婴儿，不给活动练习的机会，这样会阻碍婴儿的运动发展。婴儿到了什么阶段应该会什么动作，家长就要给婴儿机会去完成。

这个年龄阶段的婴儿也是向直立过渡的时期，一旦婴儿会独坐后，他就不再老老实实地坐了，就想站起来了。刚开始时，会扶着东西站着，双腿只支持大部分身体的重量。如果运动发育好些的话，到了9个月时婴儿就会扶东西自己站，不再需要家长扶，能力强的话，还会扶着东西挪动脚步或者独站，不需要扶东西。大约到了8～9个月时，婴儿就会爬了，真正会爬是用手和膝盖爬行，头颈抬起，胸腹部离开床面。爬，对婴儿来说是一项非常有益的动作，因为完成爬的动作，需要全身许多部位的参与，包括手臂、腿脚、胸、腹、背等，还需要大脑对这些部位的肌肉运动进行协调平衡。所以说，爬既能锻炼婴儿全身肌肉的力量和协调能力，又能增强小脑的平衡与反应的练习，这种练习对婴儿日后学习语言和阅读有良好的影响。爬，扩大了婴儿的活动范围，还能为婴儿探索周围的环境创造条件。不然，这个年龄的婴儿只能坐在一处玩，涉及的范围仅仅是身边周围很小的范围。会爬的婴儿能在一定范围内相当自由，想爬到哪儿就去哪儿，只要能爬到的地方，再远的玩具也能够拿到，比起不会爬的婴儿就能接触到更多周围的物体，就能促进认知能力的发展，对其智力发育相当有好处。

要想让婴儿学会爬，也要下些工夫。在婴儿刚开始学爬，只能以腹部为中心做旋转运动时，可以在他的前方用玩具逗引，鼓励他向前爬，也可以用手抵着婴儿的双脚给他一点力量，帮助他向前爬，经过一段时间的练习，他就学会用腹部贴着床面匍匐爬行。一旦他能将腹部离开床面靠手和膝来爬行时，就可以在他前方放一只滚动的皮球，让他朝着皮球慢慢地爬去，逐渐练习，他会爬得很快。

此外，要给婴儿学爬辟出一块场地，可以在硬板床上，也可以在地面的地毯上，移去周围不需要的东西，任他在上面"摸爬滚打"。爬对刚学习的婴儿来说是一项很费劲的运动，每次训练时间不要过长，根据婴儿兴趣，花上 5～10 分钟就可以，贵在坚持。

4. 10～12 个月

9～10 个月的婴儿已从坐位发展到站位，并且要在这段时间内完成从扶站、独站到扶走，甚至可以独自迈步摇摇晃晃向前走了，这是动作发展的一个飞跃阶段。婴儿从躺着发展到坐，最终能站起来，这是一个非常鼓舞人心的成就，这意味着婴儿将要迈开人生的第一步，去自由自在地探索世界。

站立对于一个从来没有站过的婴儿来说，并非容易的事情，需要经过一段相当长时间的练习。当婴儿能很自如地坐着玩时，他就开始不再满足于坐了，会主动地想学站，会向上站起，这就是学站的时机到了。

婴儿开始学站时，家长可以扶着婴儿的双手让他站，或者让他扶着凳子、床沿站，经过一段时间的锻炼，婴儿就能很轻松地扶着东西站了，甚至可以手上拿着玩具，只需身体稍稍靠着一点就行。到了这个水平，婴儿就可以练习独站了。在大人的保护下，可以脱手让婴儿站上 1～2 秒钟，慢慢地可以站久一些。

几乎在婴儿学独站的时候，就已经在学扶着东西走了。这时，可让他学会挪步，移动身体。当婴儿具备了独站、扶走的能力后，就离会独走不远了。

动作的发育有个体的差异，不能说 9 个月会站是正常的，而 10 个月不会站就是异常了，只要在一段时间范围内完成动作的发育都是正常的。

5. 12～18 个月

这个阶段主要是独走自如，婴儿会反复地练习各种走的姿态，走、拐弯、停、弯腰拾物、蹲站蹲、走小斜坡、过小门槛等，这个阶段是让已经连接的神经元不断地使用，完善连接的模式，逐渐达到信息通畅。

6. 19～24 个月

这个阶段主要是解决克服地心引力跳离地面的问题，婴儿会出现脚跟离地走，愿意够高处的东西，偶尔有两脚交替跳离地面"骑马跳"，最终完成双脚同时跳离地面的动作。

7. 25～36 个月

这个阶段主要是把已经会的动作整合起来，喜欢从高处跳下，偶尔表现出单脚站立控制身体的动作。

二、婴儿精细动作训练指导

1. 0～3 个月

0～2 个月的婴儿，由于握持反射的存在，手指虽然有时会伸展，但基本上是握紧拳头或随同手臂和脚一起乱动。3 个多月，随着握持反射消失，手经常呈张开姿势，开始有了一种不随意的抚摸动作，可以无意地抚摸衣服、被褥，抚摸抱他的人或者偶然碰到的东西，这种最初的抚摸动作标志着婴儿认识活动的开始。

2. 4～6 个月

这一阶段的婴儿，手的动作有着重大的发展，开始有了随意的抓握动作，并出现手眼的协调和五指的分化。婴儿刚开始抓握东西时，眼睛并不看着手，看东西时也不会去拿，眼和手的动作是不协调的，经过多次地反复抚摸、抓握物体，在视觉、触觉与手的运动之间发生了联系，逐步开始有了手眼协调，也就是说能用眼睛看着东西去抓。这时期的婴儿虽然能抓住东西，但是抓得不稳不准，因为婴儿对空间位置的辨别能力尚差，对距离的知觉也不够精确。

婴儿开始抓握东西时，通常不是手指动作，而是整个手掌一把抓，直到 5～6 个月左右，大拇指才逐渐和其他 4 个手指相对起来，这是人类手动作发展的第一步。这时期的婴儿还喜欢在自己胸前玩弄和观看双手，对自己的双手发生兴趣，喜欢把两只手握在一起。抓了东西喜欢放到嘴里，喜欢抓东西、抓起来后又喜欢放下或扔掉，把东西抓在手里敲打。这时训练手部动作，可以在婴儿周围放一些玩具或在小床上方悬挂一些玩具，如拨浪鼓、响铃、圆环等，让婴儿能看到并伸手可以抓到，以锻炼手部抓握能力及手眼协调能力。

3. 7～9个月

由于手眼协调能力的不断完善，加上手部运动能力的加强，7～8个月的婴儿双手变得灵活了，能随心所欲地抓起摆在面前的小东西。抓东西，也不再是简单地抓起来握在手里，而是会摆弄抓在手里的东西，还会把东西从一只手传递到另一只手，出现了双手配合的动作。随着手动作的进一步发展，婴儿玩耍时不再只玩一样东西，可以同时玩两个或者两个以上的物体，喜欢用一样东西去碰击另一样东西。例如，一手拿起一块积木对敲；拿起摇铃敲桌子，也不管自己的手是否会敲痛，使劲敲，似乎陶醉在敲击东西发出的声音中。还会把东西拿起来又扔掉，家长给拾起后，他又扔掉，不厌其烦，其乐无穷；有的还喜欢撕纸。

9个多月的时候，婴儿会出现一个非常重要的动作，就是伸出食指，表现为喜欢用食指抠东西，例如，抠桌面、抠墙壁和抠洞隙。这些动作的出现不是偶然的，是婴儿心理发展到一定阶段表现出来的能力，是一些探索性的动作。婴儿在摆弄物体的过程中能够初步认识到一些物体之间最简单的联系，比如敲击东西会发出声音，所以他才会不厌其烦地反复地去敲，这是婴儿最初的一些"思维"活动，是心理发展的一大进步。家长应该提供机会让婴儿多做一些探索性活动，而不应该去阻止或限制。

4. 10～12个月

人类的手要数拇指和食指的功能最强了，也最灵活。人要准确、灵活地抓取东西都离不开拇指和食指的功能。婴儿到了10～12个月，手部动作已经发展到了拇指和食指的指端了。所以，正常的婴儿到1岁时能用拇指和食指端捏取小东西，具备了这个功能，手就变得更加灵巧自如了。要成功地用拇指和食指捏取小东西并非易事，婴儿要经过几个月的锻炼和发展才能有这个能力的。

10个多月时，会用拇指和食指的侧面来夹取较小的东西，这个动作虽然也能成功地拿起小东西，但不成熟，也不灵活。

到了11～12个月时，手的动作发展到了拇指和食指端，婴儿就能用拇指和食指端来捏取小东西，这样的姿势取物就相当灵活，取东西也很稳固。

5. 13～36 个月

在这个年龄阶段，随着手动作的进一步发展，捏取东西这个动作还要发展得更加成熟。婴儿会捏取小东西后，手的技能就高明多了，他会用手去抠小东西、拿起杯子、打开抽屉、搭积木、拿笔乱涂、翻书等，还会做一些家长意想不到的事，比如捏小药丸、拿电源插座、按一些开关按钮等。

婴儿到了这个年龄，手就具备了一定的能力了，但这个能力的获得是与平时手的锻炼分不开的。一个整天被抱在手上的婴儿，很少有机会触摸到东西的手，是很难在这个年龄阶段发展到灵活自如地捏取东西的，看到的只会是一双笨拙、软弱的手。要想婴儿的手能够在这个阶段显得灵巧，就得在平时注意训练婴儿手的能力，要经常提供玩具和物品让他抓握、摆弄，还要训练他捏取细小的东西，如让他捏取小块饼干、花生米、米粒等。要注意不要让婴儿将细小的东西放入口中，以免发生危险。在训练婴儿的动作时，大人要始终陪伴在旁边，适当给以帮助与保护，避免发生意外的情况。

训练手部运动，对其智力发育也相当有好处。婴儿在摆弄东西时，能体验到物体的软硬、轻重、深浅、大小及形状，发现物体与物体之间有简单的联系。因此，要尽可能地为婴儿提供他感兴趣的东西，只要没有危险性，就让他尽情地摆弄。除了给他提供积木、纸张、塑料瓶或瓶盖来练习手的能力外，彩色蜡笔是一种锻炼手灵活性的好工具，用笔需要拇指、食指和其他手指的配合，需要手的力量，让婴儿在纸上任意点点涂涂，虽然这时候他还不能画出什么东西来，但对学习用笔和点出的色彩会感兴趣。

三、亲子操训练指导

1. 提小猪（见图 5—1）

锻炼意义：训练婴儿前庭器官、空间感觉、视觉观察力、平衡能力、臂力及胆量。

适宜月龄：5～12 个月。

动作方法：家长两脚开立，俯身用双手抓住婴儿的手脚，提离地面，左右前后摆动，并加上腰部力量转动身体。

练习方法：每天 3 遍，每遍 2～6 次。

注意问题：活动之前要做好暖身运动，例如，让婴儿躺着拉拉腿、伸伸腰。进行中说些"这只小狗好沉呀"之类的话，增强婴儿的兴致，并适度调整动作幅度与强度。

2. 升降机 (见图5—2)

图5—1　提小猪

图5—2　升降机

锻炼意义：训练婴儿的前庭器官、空间感觉、平衡能力、臂力及胆量。

适宜月龄：6～12个月。

动作方法：家长双脚并立，俯身抓住婴儿的手脚，并将婴儿的臀部放在自己脚面上，然后伸腰、展胸、曲臂，使婴儿沿着家长身体向上滑，家长要尽量展胸控制两人的平衡，回到原位。

练习方法：每天做5～7次。

注意问题：家长上提的速度要快，到腹部后停止，下滑速度慢一些边做边和婴儿说话沟通。地上要有软垫确保安全。

3. 回环抱转 (见图5—3)

图5—3　回环抱转

锻炼意义：提高婴儿肩部的力量，前庭器官的功能、自控能力、更有自信。

适宜月龄：8～12个月。

动作方法：家长双手握住婴儿上臂，前后摆动并超过水平线，空中转动180°，婴儿的双腿落在家长的后背上。

练习方法：每天1～2次。

注意问题：必须在摆动中确保婴儿放松、面带笑容，家长在婴儿的双腿落下时向下蹲姿、缓冲下降的速度。婴儿表情有些紧张就不要做这节操。

4. 倒抱（见图5—4）

锻炼意义：训练婴儿的空间感觉、本体感觉、自控能力、背部力量。

适宜月龄：2～12个月。

动作方法：婴儿成俯卧状，家长抓住婴儿的双脚，慢慢地拉提起至胸前，家长身体后仰，腾出一只手托住婴儿的胸部回放到床上。

练习方法：3～6次，根据婴儿的情绪状况增减练习次数。

注意问题：这是个较高难度的动作，可由父亲来做，不可勉强。

5. 拉腕摆（见图5—5）

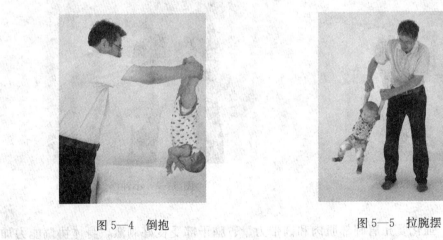 

图5—4　倒抱　　　　　　　　　　　图5—5　拉腕摆

锻炼意义：训练婴儿本体感觉，对自己身体控制具备信心。

适宜月龄：6～12个月。

动作方法：抓握住婴儿的手掌或手腕做左右前后摆动，根据婴儿的适应情况，增加摆动幅度。

练习方法：一天练习3次，每次摆20～40次。

注意问题：月龄小婴儿反抓家长手，要注意安全；月龄大婴儿要家长抓腕不抓手，要注意松脱安全。要在软垫上做保证安全。

6. 拉腕转 （见图5—6）

锻炼意义：训练婴儿前庭和本体感觉、左右脑及脑干部刺激，对婴儿语言视觉及智力均有帮助。

适宜月龄：6～12个月。

动作方法：婴儿躺、坐或站时家长抓握住婴儿的手指或手腕（家长的拇指伸到婴儿手中，当婴儿抓住拇指后，家长顺势抓握住婴儿的手向上提）做旋转摆动。

练习方法：一天练习3次，每次摆20～40次。

注意问题：旋转幅度、速度要依婴儿喜欢情况，不可勉强；可顺时针、逆时针方向交替之。

7. 小钟摆 （见图5—7）

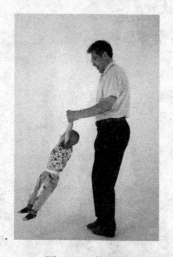

图5—6　拉腕转

图5—7　小钟摆

锻炼意义：强化婴儿肩胛部肌肉和韧带力量、脑干部受良好刺激，身体协调能力加强。

适宜月龄：4～12个月。

动作方法：家长站立，双手合抱住婴儿腋下，先做小幅度的摆动，婴儿适应后逐渐加大摆动的幅度。

练习方法：每天做3～4次。

注意问题：以游戏方式进行，配合音乐产生节奏感；每次时间不可过长，依婴儿喜欢情况。

8. 大钟摆（见图5—8）

锻炼意义：强化婴儿肩胛部肌肉和韧带力量，脑干受良好刺激，身体协调能力加强。

适宜月龄：6～12个月。

动作方法：家长站立，双手合抱住婴儿，家长手臂向前伸，使婴儿与家长的身体有一段距离（距离长短可酌情而定），家长抱起婴儿左右摆动，幅度逐渐加大。

练习方法：每天做3～4次。

注意问题：家长双手合牢，摆动时幅度由小逐渐变大，以游戏方式进行，配合音乐节奏。

9. 爬大树（见图5—9）

图5—8 大钟摆　　　　　　　　　图5—9 爬大树

锻炼意义：训练婴儿的腰腹、腿部力量，手部力量，对婴儿平衡能力、自控能力都有很大帮助。

适宜月龄：6～12个月。

动作方法：家长坐在床上，双手握住婴儿的手腕上提，家长的身体稍后仰，让婴儿的脚蹬在家长的身上，并不断提示婴儿"向上"。当婴儿腿的力量提高后，家长提拉婴儿双手的力量也越来越小。

练习方法：每天3遍，每遍6～10次。

注意问题：注意握紧双腕，和宝宝做表情沟通，家长随时感觉宝宝手的力量变化，有脱手的感觉立即停止，宝宝不穿袜子利于上爬，在软垫上做以防危险。

10. 纵托转抱（见图5—10）

锻炼意义：训练婴儿的前庭、平衡能力、视觉专注力。

适宜月龄：12个月。

动作方法：家长的双手托住婴儿的腋下，做左右转动和上下抛接，当婴儿高兴放松的时候，家长的左右手向相反的方向托转，下接的时候要有缓冲的动作。

注意问题：加强语言沟通，上托离手后关注婴儿，下接婴儿时要有一个缓冲的动作，要在其他亲子操做熟练以后再做。

图5—10　纵托转抱

11. 宝宝飞（见图5—11）

锻炼意义：训练婴儿颈、背、肩部的力量，前庭及左右大脑刺激，使坐姿挺拔，视觉、听觉加快成熟。家长：锻炼腕、臂和腰腹部的力量。

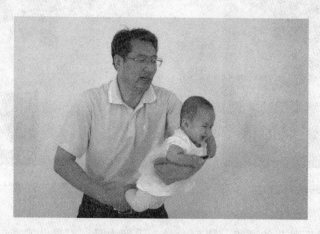

图5—11　宝宝飞

适宜月龄：2～12个月。

动作方法：

1. 婴儿趴在床上俯卧抬头，家长一手托住婴儿的胸部，一手托握住婴儿双脚，将婴儿托起来根据婴儿的发育状况和适应能力调整托起的高度。

2. 在上一节的基础上家长双脚前后站立使婴儿像飞机起飞那样，从下方往上方斜摆动，动作应从慢到快，让婴儿逐渐适应。

3. 家长双脚平行站立，以腰为轴左右摆动速度从慢到快，动作幅度从小到大。

练习方法：空腹做为宜，每天1～2次。

注意问题：注意观察婴儿的表情，用婴儿喜欢的内容、方式和婴儿进行沟通，时间从短到长，不必急着改变飞行的角度，做操的时间逐渐增加，抓牢宝宝的踝关节以防脱手。

四、亲子操锻炼的注意事项

由于婴儿身体发育尚未成熟，各方面机能还很脆弱，如果做法不适宜，刺激强度过大或时机掌握得不好，反而会影响婴儿的健康。因此对婴儿进行亲子操锻炼要遵循以下五条原则。

1. 因人而异

婴儿的发育情况因人而异，对各种刺激的反应也有差别。因此，必须根据婴儿的自身发育情况和健康状况，选择适宜的进度和锻炼时间。例如，对体弱婴儿，其锻炼进程就应较健康婴儿缓慢些。

2. 循序渐进

进行亲子操锻炼时，必须分阶段、有步骤、按一定的程序进行，切勿跨阶段强教婴儿动作，否则将造成难以挽回的遗憾。例如，过早地让婴儿勉强学坐，婴儿的脊柱发育就容易变形；又如过早地让婴儿学走路，婴儿为保持身体平衡，两脚会分开很大的距离，左右摇晃着走。而此时婴儿的下肢骨骼还不能承担起全身的重量，受压后就易变成"O"型或"X"型腿，造成日后难以纠正的体形。

3. 形式多样

亲子操锻炼方式要多样化，并非学做一种操就能满足婴儿发育的所有要求。婴儿亲子操要结合主被动操、游戏、日光浴、空气浴、水浴等一起进行，还要注重日常生活中的各种行为锻炼。

4. 持之以恒

婴儿亲子操要经常不断地进行，否则难以收到应有的效果。

5. 安全保护

难度大的动作要双人配合进行保护，并应在有保护垫的地方进行练习。

第二节　婴儿认知和语言训练指导

一、婴儿认知训练指导

认知是心智内在运作的过程，以及因此产生的觉知。婴儿的认知发展，是从无意识到有意识。意识是发展觉知的手段，因此，在开始有意识的认知活动以后，婴儿的觉知水平便逐渐提高。

婴儿的能力发展是人的一生中发展最为迅速的阶段。婴儿在1岁时，身体发育与运动能力已经具备进行有意识地探索认知的活动。到了2岁，运动、语言和概念的形成已有相当的规模。从认知能力整体发展的表现来看，婴儿的认知活动都是在于满足各种发展的需要，对事物及人际互动时种种看似简单的反应，其实都是一次次的心智活动，在感知觉的体验中，不断地吸收与修正，经过整合与协调，成为富有意义的行为模式。这个学习过程的内涵，包括认知智能、社会智能和情绪智能，所积累的能力，概括地称为"早期经验"。早期经验是未来学习能力的根基，缺乏早期经验的儿童，到了一定的时候就会出现学习障碍。所以，如何指导及帮助家长发展孩子的早期经验是育婴师的主要任务之一。

婴儿认知是透过感知觉的判断与反应开始的。从儿童认知发展的阶段性特征来看，0～3岁婴儿的认知方式可以分为感知觉发展期、感知觉动作期两个阶段。

1. 感知觉发展期

0～12个月的婴儿不会说话，也不能自己行动（有的宝宝较早学会爬行与说话），但感知觉系统，包括视觉、听觉、味觉、嗅觉、触觉、运动觉和本体觉正处在迅速发展的阶段，这个阶段，感觉是宝宝与外界接触并认知事物的唯一途径。在接受任何刺激时，尽管原始反射这种本能反应支配着宝宝的情绪而做出直觉的反应，但为了适应环境与满足需求，宝宝会不断地改变内在的反应模式，形成新的经验。例如，吮吸奶头或奶嘴，开始时纯属吮吸反射，但在吮吸奶嘴时，便会改变原始反射的吮吸方式来获得更好的吮吸效果。随着长大，宝宝渐渐便会从感觉和运动经验中对事物的因果关系有了理解能力，例如：宝宝发现哭了，妈妈（或抚养人）就会来安抚；用脚去踢，东西就会动；拿着的东西，手指一放开，它就落下来。这种认知能力的发展是在不断重复出现的体验中逐渐建立的。

婴儿的感知觉发展主要表现在：

（1）反射行为。反射行为是婴儿在出生后出现的无意识动作，这是在大脑尚未建立好神经链接之前的生存技能，例如，吮吸、抓握、踏步及惊吓等反射动作，都是因为感觉器官接收到刺激产生的直觉反应。当新的刺激出现时，婴儿会把注意力朝向新的刺激物，于是产生定向反射，如果新的刺激在短时间内多次重复，婴儿逐渐熟悉后，就会形成新的反应模式，这样，原有的反射行为受到抑制，由新的反射行动取代。这种反射行为的更新，就是认知发展的基础。

因此，原始反射功能为婴儿日后的自主动作提供初步的训练，到了一定的时候，神经回路逐渐优化，原始反射就会渐渐被自主动作所取代。

在原始反射逐渐消失后，认知经验让婴儿自然而然地产生平衡身体的"姿势反射"，例如，开始练习爬行的时候，双手配合双脚的移动带动身体前进，这是很自然地左手搭配右脚、右手搭配左脚，这样可确保身体不会在移动时失去平衡。这种平衡反射包括以后行走时双手的前后摆动、从高处跳下时双臂张开。姿势反射功能在原始反射功能消失后仍然继续，终生不变。

（2）感觉系统的发展与统合。视觉、听觉和触觉的敏感期都在0～1岁阶段，其神经回路的建设、优化和统合，决定了1岁以后认知能力的发展。

1）视觉。从视觉功能的优化开始，通过眼球聚焦、视觉追踪的训练，提高婴儿的视觉功能之后，就必须开始进行视觉影像与视觉记忆的认知能力训练。

2）听觉。听觉功能其实在婴儿出生时已经相当完善，但仍需要通过训练来发展方位感和信息的传达与接受能力。其中最重要的认知发展就是透过听声来感觉抚养人及周边环境所传达的信息。

3）触觉。适当的触觉刺激促使婴儿大脑苏醒，从而提高环境适应能力、学习能力和自我保护能力。

良好的成长环境与刺激活动，能够让婴儿的视觉、听觉与触觉神经系统加速统合。在神经系统的统合逐渐完善，认知经验逐渐积累下，婴儿的认知能力发展过程是：

口腔触觉→手部触摸、敲击、摔打→观察（看外观、听声音、手感）＋认知经验＋思考与判断

婴儿的先天气质与后天成长环境各不相同，多数婴儿到了1岁还不能达到观察学习的

认知阶段。

（3）知觉思维的发展。知觉认知的发展是通过感觉刺激进行学习的，因而婴儿在接触事物时，只能够认知某个部分，既不能看到物体的客体（完整的外观），更不能认知物体的整体（外观和内涵），只能一点一滴地透过不断地、重复地接触与练习，慢慢积累经验。因此必须掌握婴儿的认知发展规律，循序渐进去引导，不能拔苗助长。

空间知觉是个比较复杂的知觉概念。空间知觉包括认知物体的形状、大小、位置的远近和方位等空间特性。当这些特性被感觉而形成信息传达到大脑的顶叶，左边顶叶的神经系统便开始把接收到的信息进行分析，让婴儿知道自己的身体与四肢在空间之内的活动感觉（本体感觉），右边顶叶的神经系统就开始帮助婴儿感受外在世界各种物体的活动过程。这个历程让婴儿知道身在何处和在感受何物，这样就形成了一幅整体的画面，完成了视觉影像的建立，产生了视觉记忆。但对于婴儿，这个知觉思维的发展是有局限的。

1）形状知觉。婴儿只能接受轮廓清晰、明暗对比鲜明的图案，如人脸、轮廓清楚的图形。

2）大小知觉。对物体形状和大小知觉的守恒概念还有待建立，对圆形、正方形和等边三角形的判断比较明确。

3）深度知觉。对物体的立体感以及两个物体之间的前后位置及相对距离还没有知觉能力。

4）时间知觉。对物体的延续性存在，包括移动及顺序的认知能力不能简单地凭感觉去认知，因此婴儿还不具备这种能力。

（4）认知物体的性质与分类。婴儿对环境中各种物体进行直接的接触，从触摸、抓握、口咬、摔打等的感觉中建立认知经验，从追踪物体的过程中满足好奇心。这些活动，渐渐让他对物体的性质有所理解，也有了初步的分类能力。

1）认识物体的性质。通过反复的触摸、观察，从物体有边界的认识开始，渐渐知道物体有大小、有轻重、有颜色；进一步，认识到物体有的会滚动，有的会弹跳，有的可以放入别的物体，有的很硬，有的很软。这些认识，渐渐影响着婴儿的探索方向，而进步最为明显的，就是渐渐认知物体恒存的概念。

2）分类能力的发展。通过对物体的重复性操作，渐渐发现有些物体看起来很相像，于是能够从物体的形状、颜色或功用上把它分类。

婴儿认知发展与适合的游戏与活动见表5—1。

表5—1 　　　　　　　　　0～1岁婴儿认知发展与适合的游戏与活动

月龄	粗大动作发展	精细动作发展	感觉能力	适合的玩具与活动
0～4个月	①俯卧时能抬头片刻 ②扶着身体坐起时头部能够稳定不摇晃 ③仰卧时能够转头去注视目标 ④扶着骨盆坐起时，身体能够撑起30° ⑤趴着时，手臂能够撑着地板把头抬高45°	①可将手指稍微张开 ②眼睛能够追视物品，上下左右转动90°	①眼睛能够追视物品和光源 ②喜欢看轮廓清晰色彩鲜艳的图案 ③注视双手，开始发现双手的奇妙	①色彩鲜艳的悬挂玩具 ②会转动、能够发声的玩具 ③躺着时，能吸引婴儿转头、抬头注视的玩具 ④摇动、敲打、抓握或脚踢会发出声音的玩偶或玩具 ⑤摇铃、铃铛可吸引婴儿的玩具
5～8个月	①能够自己坐着一会儿 ②婴儿仰卧时拉着家长双手，可以自己坐起，能够控制身体、抬头 ③趴着时，双手支撑可以稳定抬头 ④能够左右翻身 ⑤能够双臂撑着身体用肚子做鳄鱼式爬行，或开始学习爬行	①能注视，并伸手去抓握自己想要的东西 ②可以抓握并摇动摇铃 ③会拍打、抛出玩具 ④趴着时，可将身体重心转移到一侧，伸出另一只手去抓玩具	①察觉自己身体的不同部位 ②能够集中注意力看东西，把玩自己的双手双脚 ③会用手去摸索身体各部位及脸部器官 ④能够分辨自己与镜子中影像的不同	①能让婴儿抓握的摇铃、铃铛，会自己玩 ②挂在脚边可诱使婴儿踢脚的玩具 ③坐在成人腿上摇摆或扶着身体蹬腿 ④各种可让婴儿拍打、按压、抚摸的声光玩具 ⑤可供抓握或抚摸的软面料玩偶如布娃娃、毛绒动物 ⑥能让婴儿放在口中舔或咬的玩具 ⑦可以动的玩具引诱婴儿伸手并移动身体去抓取 ⑧引导探索身体的亲子游戏 ⑨镜子，利用镜子引导婴儿认识自己 ⑩简单的躲猫猫游戏（用纸巾遮脸再移开）
9～12个月	①能够自己坐起来 ②能坐在地板上玩玩具 ③能够弯腰捡起地上的物品，再恢复坐姿 ④会扶着家具站起来	①会伸直手肘去抓取物品 ②喜欢抓、放、抛东西	①能理解简单的因果概念，会重复玩有成就感的玩具，例如积木、套叠 ②初步具备物体恒存概念，例如推开挡住视线的东西	①能移动的玩具，引发爬行动机 ②能坐着玩的玩具，如球 ③稳定的不会倾倒的家具，可让婴儿扶着站立 ④可用手抓握拍打、用口咬，或表面有凹洞、按键，或可用手指插入、按压的玩具 ⑤敲打、捏或吹时会发出声音的玩具

续表

月龄	粗大动作发展	精细动作发展	感觉能力	适合的玩具与活动
9～12个月	⑤会用狗爬式向前爬行，甚至改变方向、爬过障碍物 ⑥能够扶着家具移动身体，尝试走几步，甚至摇摇摆摆地走动	③会握着物品敲击 ④会用拇指和食指抓握物品	③会找出眼前被遮盖着的物品 ④知道"可以"和"不可以"的意思	⑥能推动的玩具车或动物造型的玩具 ⑦躲猫猫游戏 ⑧用布盖着玩具让婴儿尝试找出 ⑨有回应动作的玩具如不倒翁，按压后会唱歌的玩具 ⑩把物品从抽屉或纸箱拿出，再放入的活动

2. 感知觉动作期

1～3岁婴儿，能够自己站立并行走，接触到的物品增加，视野开阔，世界越来越大，每天见到许多新奇的事物，都想去看看、摸摸、敲打，尝试探索"那是什么?"由于大脑神经系统的发展已经达到一定的水平，积累的认知经验也足以让他们感觉到自己可以做很多事情，于是，探索认知的能量渐渐爆发。

这个阶段的认知发展是奠定儿童未来学习能力的根基。因此，了解婴儿的成长规律，给予适当的引导和示范，让婴儿在游戏与活动体验中充分积累认知经验，促进心智成长，是育婴师不可忽略的任务（见表5—2）。

表5—2　　　　　　　　　　1～3岁婴儿认知发展与适合的游戏与活动

年龄	粗大动作发展	精细动作发展	感觉能力	适合的玩具或活动
1～2岁	①能够独自站立，稳步行走，倒退行走 ②手扶栏杆可以两脚一前一后上下台阶 ③能够小跑步，但还不会躲闪、避让 ④会双手把大球抛出，或单手抛小球 ⑤会骑小型三轮车及蹬滑板车，但只能直线前进一小段距离	①能够一手拿玩具，另一手操弄玩具 ②能够拿着小物品敲打或抛出 ③能够一页一页地翻书，或撕出纸张 ④能够把小物品投入容器或从容器中取出摆放在平面上 ⑤会用勺子、小铲子取泥沙，再倒出 ⑥会用掌心握大的颜色笔涂鸦	①可以自己专注于一个玩具玩一段时间 ②会玩假装或模仿动作的游戏 ③会模仿大人的手势、动作和表情 ④能够辨认至少10个物品或卡片 ⑤会找大人帮忙解决难题 ⑥喜欢重复玩同一个玩具、读同一本绘本 ⑦喜欢模仿或重复别人的话	①大球、小球 ②可拉动、推动的玩具 ③小推车 ④玩具三轮车、嘟嘟车 ⑤滑板车 ⑥滑梯 ⑦攀爬玩具 ⑧律动游戏 ⑨玩沙或泥土，玩水 ⑩积木、套环 ⑪串珠 ⑫布书、绘本 ⑬黏土、捏泥 ⑭手指游戏 ⑮玩偶、模型玩具 ⑯躲猫猫 ⑰各种图卡游戏 ⑱彩色笔：涂鸦

续表

年龄	粗大动作发展	精细动作发展	感觉能力	适合的玩具或活动
2～3 岁	①不扶物能自己快速上下台阶 ②能够从沙发上跳下 ③双脚并拢向前跳 ④会骑三轮车、玩滑板车 ⑤摆动手臂向前走，会闪避障碍物 ⑥会双手合抱接球 ⑦会向前踢球 ⑧能奔跑 30 米距离	①会一页一页翻书 ②会开启瓶盖、盒子 ③能用笔画线连接两个点 ④自己用小勺进食、拿杯子喝水 ⑤会叠高 4 个以上的积木 ⑥会用手指撕纸 ⑦能做简单的手指操	①能够说出身体各个部位的名称 ②认识简单的形状，辨别方形、圆形和三角形 ③认识 6 种以上的颜色 ④读绘本时，能够指着图说出那是谁和在做什么 ⑤念儿歌、说小故事，能记住内容 ⑥可保持注意力 10 分钟左右	①攀爬架、滑梯、海洋球 ②大龙球 ③三轮车、滑板车 ④跑、跳、翻滚、走平衡木等运动 ⑤捉迷藏、跳绳、跳格子等游戏 ⑥建构类玩具 ⑦黏土及操作工具 ⑧串珠、洞洞板 ⑨各种彩色笔、画纸 ⑩玩过家家道具 ⑪动物模型 ⑫绘本、图卡 ⑬讲故事用的布袋偶、手指偶 ⑭折纸、拼图

这个阶段的婴儿，在认知能力的发展上要特别关注下列五个要素：

（1）语言发展。1～2 岁是婴儿语言能力发展的爆发期。尽管不是每个婴儿都能够在 1 岁就开口说话，但育婴师与抚养人必须为孩子的说话创造条件，包括亲子对话的技巧，通过自编儿歌给孩子念儿歌来丰富婴儿的词汇和增进对语言的感觉，借助绘本阅读来提高幼儿的观察力、理解力与表达力，透过良好的语句示范引导幼儿掌握"全语言"（语音、语义和字词结构的规则）的发展。特别是在回答幼儿问个不停的"为什么"的时候，丰富的对话内容，其实就是一堂堂的语言课。

（2）自主意识。1 岁以后，婴儿的认知能力逐渐提高，渐渐就会发现父母或抚养人说的话有时候并不是完全可以相信的，于是开始尝试按照自己的想法做事，这就萌发了自主意识。一般婴儿在 2 岁左右便开始尝试自主，这是成长最为重要的学习敏感期，育婴师必须懂得如何引导婴儿去做可做的、对的事，尽量别压制或责备。因此如何避免婴儿接触危险事物，确保婴儿能够自由探索，是一项重要的任务。

（3）习惯的培养。培养婴儿的良好习惯是动手能力的一部分。起床后刷牙洗脸、吃饭时认真吃饭、玩具玩完要收拾好、睡前刷牙、大小便学习自理、有任何需求好好说，这些习惯是孩子成长的标杆。有些父母或抚养人常常会因为爱孩子便放纵不管，让孩子养成不良习惯，所以育婴师有引导他们提高教养效能的义务。

（4）关注点。婴儿开始的时候都是喜欢学习的，会行走以后就需要更多的户外活动。这时候看到新鲜事物都会产生好奇心，什么都想摸一摸看一看，想知道那是什么？好不好玩？不能因为嫌麻烦便阻止，相反，应该引导他去发现问题，建立关注点。帮助幼儿提高认知能力，便是时时刻刻引导他去找到关注点，并且在观察或动手体验中弄清楚那是什么。

（5）阅读绘本。除了玩玩具及户外活动，阅读绘本是提高婴儿认知水平必不可少的活动。但是婴儿阅读不在数量，而在质量。婴儿阅读绘本从读图说图开始，不强调认字，但要着重认知与发展想象力，所以婴儿对自己能够理解、内容能够联系生活的绘本，总是爱不释手，一次又一次地重复阅读。

育婴师有责任引导家长要特别注意婴儿的作息规律，把每天的游戏时间、活动内容妥善规划，并提供适合不同发展阶段的玩具与游戏活动。

二、婴儿语言训练指导

语言是表达内心世界的工具，语言能力包括看、听、说、写，是人类独有的高度复杂的神经运作。

婴儿语言包括内心语言、动作语言、口头语言。口头语言的发展有赖于舌、唇、咽、肺的工作能力。婴儿在日常生活中听到了大量的语言信息，内心语言得到了充分的发展，身体自控能力的提高。舌、唇等肢体末端的器官得到充分支持，运动使肺功能得到提高，使发音有力、准确、清晰，尤其是难发的音很快被突破。

1. 0～3个月

不少家长认为婴儿要到1岁多才会说话，所以对于1岁以内婴儿说话的事不以为然。其实，婴儿能说话只是说明了语言发育到了最后的表达阶段，在这之前婴儿要经过相当长的时间准备，也就是说，婴儿在说话之前首先要学会发音和对别人语言的理解。这个准备工作实际上是在婴儿一生下来就开始了，因此，父母要有这个概念，婴儿学习说话是从零岁开始的。

婴儿一生下来就会哭，这是他的第一次发音，也是婴儿最初的语言，以后当饿了或感到不舒服的时候也会哭。哭表示发音器官已为语言发展做好准备，同时哭又使发音器官进一步得到锻炼。所以，婴儿哭几声是没什么大不了的事，只要不是因为身体不舒服而哭，从某种意义上来说，哭也是一件好事，家长没必要一见婴儿哭就抱起来哄着，生怕哭坏了婴儿。

婴儿满月后，语言基本上仍是以哭声来表示，不过这时候的哭声就有了一定的意思了，婴儿会通过不同样的哭声来表达不同的要求。例如，饥饿时，婴儿哭声很响亮，哭得很厉害；尿片湿了，他也哭，哭的声音就不太强烈；如果是醒后想寻找母亲，他的哭就是哭哭停停、哼哼唧唧。母亲或者经常照管婴儿的人会随着时间逐渐领会到婴儿不同哭声的含意。

2个多月时，婴儿高兴时会发出1~2个韵母声，如"a、u、i"，特别是在高兴时或者在大人的逗引下表现得更加明显。发出的韵母声，主要是基本韵母，大多是一张嘴，气流从口腔中出来就能发出的音，不需要舌、唇较多的运动，这与发音器官不完善有关。

3个多月时，婴儿发音明显增多，情绪好时常常会主动发音，如"呢""啊"，虽然这算不上是语言，但却是婴儿与成人相互交流的一种最初形式。有时，在成人逗引下，还会发出笑声。

既然婴儿从零岁就开始了语言发育，家长就要帮助婴儿在这时候发展语言。对于1~3个月的婴儿来说，家长要记住的是，无论在给婴儿做什么事情时，一定要对婴儿说话，尤其当婴儿主动地向家长发出"咿、啊"声音时，家长要给以相应的应答。当家长抱着婴儿时，要同婴儿亲切地说话，用不同的声调和手势与他交流，这样对促进语言发展和听觉发展都有好处。

2. 4~6个月

4~6个月的婴儿处于发音阶段。婴儿比前一阶段明显地变得活跃起来，声音除了声母和韵母大量增多外，还有一个点是发单音节，如"ma""ba""da"等。这些发音没有实质的意义，但这些发音为以后正式说出词和理解词做出了准备。虽然这个年龄阶段的婴儿还不会说话，但正在为今后说话做准备，因此，家长要意识到这一点，平时带婴儿时，一定要多和婴儿说话。教他发音、鼓励发音，不要打击婴儿学习说话的兴趣，要促进婴儿的语言发育。

3. 7~9个月

婴儿到了7~9个月，处于重复连续音节阶段，明显地变得活跃了，发音明显地增多。当他吃饱睡足情绪好时，常常会主动发音，发出的声音不再是简单的韵母声"a""e"了，而出现了声母音"pa""ba"等。还有一个特点是能够将声母和韵母音连续发出，出现了连续音节，如"ba—ba—ba""da—da—da"等，所以称这时的语言发育处在重复连续音节阶段。婴儿发出的连续音节，有些和词的发音类似，如"ba—ba—ma—ma"，听上去似乎觉得婴儿在喊"爸爸""妈妈"。第一次听到婴儿这样发音，爸爸、妈妈一定会感到心动，非常高兴。确实是这样的，这时候的婴儿已经能开始无意识地叫"爸爸、妈妈"了，只是还不明白这些词的含意，还不能和自己的爸爸、妈妈真正联系起来。有了这样的基础，为时不久，婴儿就能真正地喊爸爸妈妈了。如果妈妈对着婴儿讲话，并模仿婴儿的音，婴儿就会微笑，就非常愿意继续和妈妈聊天，这就是形式简单的初级会话。

另外，在睡前和醒来后，婴儿还会自言自语。当他看到镜子里的自己时，婴儿会咿咿呀呀地说个不停。他开始越来越多的用语音，而不是喊叫来表达自己不愉快的心情。如果想要一件玩具，而这件玩具怎么也够不着，他便开始"谩骂"，这时婴儿的唠叨中带着一种生气的口吻。如果想得到照顾和关心，他不再喊叫，而是用吸引人的、响亮的发音来引起别人的注意。婴儿能根据距离来调节自己的音量，如果妈妈距离较远，婴儿音量就大，他还能改变自己的音调，婴儿聊天时就仿佛是在唱歌一样。

除了发音之外，婴儿开始理解一些单词的具体意义，能将名字和人联系在一起，当婴儿听到别人在喊他的名字时，他会停止手中的"活儿"。如果听到妈妈喊"爸爸"，婴儿会向爸爸看去。

不久之后，婴儿就能将一些单词和具体的物体、场景联系在一起了，认识日常生活中一些东西的名称，例如奶瓶和奶嘴等。如果妈妈使用诸如"吃""洗澡"和"散步"等词汇，婴儿开始明白这些词汇指的是什么场景和活动，同时，也开始理解"来""再见"或者"不"的概念是什么。对婴儿说"再见"，他就会做出招手的动作，表明婴儿已能进行一些简单的语言交往。

7～8个月时，他已能把母亲说话的声音和其他人的声音区别开来，可以区别成人的不同的语气。如大人在夸奖他时，能表示出愉快的情绪；听到大人在责怪他时，表示出懊丧的情绪。

9个多月时，开始能模仿别人的声音，并要求成人有应答，进入了说话萌芽阶段。在成人的语言和动作引导下，能模仿成人拍手、挥手再见和摇头等动作。

婴儿发音和理解成人语言的能力，很大程度上取决于环境与教育，如果父母平时能多和婴儿交流，鼓励他发音，婴儿的语言能力一定会发育得快些。相反，认为婴儿还不会说话，听不懂大人说话也就不和他交流，这样会阻碍婴儿的语言发育。

4. 9～12 个月

9～12 个月的婴儿处于说话萌芽阶段。此时开始咿呀学语，明显地增加了不同音节的连续发音，发出的音调也常变换，听起来更接近正式说话，只是这种发音还没有意义。

这阶段发出的音近似词增多，而且开始能模仿发音，如"灯""帽"等。会正确地叫出"爸爸、妈妈"，看见图画上的人物会叫"妹妹"和"姨"等，大约能说出 4～6 个字。还会用一定的声音来表示一定的意思，如要成人捡掉在地上的玩具时，会发"哎哎"和"嗯嗯"的音。最初的这个时期婴儿理解的字远比说出的多，大约能听懂 20 个字左右。在成人语言指导下，会表演拍手、摇头、再见、欢迎等婴儿游戏，能把词音和具体事物联系起来，如果问"灯呢?"，婴儿就会去看灯，但这种反应往往同某一盏具体的灯联系起来，其他的灯都不能引起婴儿的反应。还会根据成人的要求指出鞋、眼、鼻等 1～2 个部位。

这时期的婴儿虽能模仿发音，而且所发的音开始与一定的具体意义相联系，但这种联系是极为有限的，婴儿的发音也还不确切、不清楚，要靠成人去猜测才能懂。这时婴儿所能听懂的词是很少，如没有物体或动作地伴随，词的指示往往无效。在这阶段，如认为婴儿不懂话、不会说话而不和他说话，则常会造成婴儿言语发展的迟缓。反之，如能注意多和婴儿说话交流，使每次感知某物体或某动作时都听到成人说出关于这个事物（或动作）的词，就会逐步建立起关于这个事物（或动作）的形象和词之间的暂时联系，从而促进婴儿语言的发展。

5. 13～18 个月

这个阶段婴儿主要是内心语言不断的丰富，主语、谓语、宾语、状语在不断地整合当中，可以从孩子的表情中可以发现，从口头语言上模仿发音到主动发音。在这个阶段有一部分孩子主要发展内心语言、动作语言、表情语言也是正常的，不要被口头语言的滞后而苦恼。

6. 19～30 个月

这个阶段婴儿主要是内心语言、表情语言、动作语言与口头语言的整合，有时自言自语不知所云，说不清楚、模仿说话、顺应搭腔，有时说话结巴、说话时很着急或者就哭。家长不要着急，这是四种语言向一个目标发展的过程。

7. 31～36 个月

这个阶段婴儿的语言整合基本完成，能够自主表达内心世界。但是，对于成人的语言还不能全部理解，经常出现对大人语言指令的误读，家长也应该做好思想准备。

三、影响婴儿语言发展的因素

1. 锻炼不足

身体的控制能力低下，发音器官就会因为缺乏身体的支持而不能根据需要完成各种动作，使发音不准确、不清晰、速度慢。

2. 喂养原因

一般家长认为，孩子小没有咀嚼能力，胃口又弱，在添加辅食后所有的食物都很软，从而剥夺了孩子舌部运动的机会。再有，孩子在六个大人的"精心"照顾下没有哭的机会，也是孩子语言发展不好的原因。

3. 家庭满足太多

为了显示对孩子的爱，家长对孩子的每一个要求都全力给予满足，孩子几乎不用语言就可以满足自己的需要，孩子非常聪明地知道"我没有必要学习语言"，哭就更少了，这些都阻碍了语言的发展。

语言的发育是一个极其复杂的过程，需要经过一个相当漫长的时间。婴儿从不会说话到会说话要经历 3 个阶段，首先要学会发音，然后会理解语言，最后才会表达语言。不是像有些家长所认为的那样婴儿到了一定时候自然就能够说话了。

第三节　婴儿情商训练指导

不同年龄阶段的个体表现出的情绪智力水平即是情商。情绪智力应包括情绪管理、社会性人际交往等方面的内容。

驾驭自己的负面情绪，努力发掘，利用每一种情绪的积极因素，是一个高情商者所需要的基本素质，也是一个人成功的基本条件。研究表明：如果婴儿时期缺少伙伴或被同伴拒绝，容易造成情绪上的伤害，出现恐惧、自卑、孤独等不良情绪。培养婴儿社会性和人际交往能力具有重要作用，这是一种驾驭生活、完善自我的能力。

一、婴儿的情绪训练指导

根据心理学的定义，情绪是指人在面对一项刺激或事情的时候，心理上产生某种感觉。这种感觉的产生是出于认知上的评估，而在评估过程中，安全感、个人经验，以及价值意识都起着一定的影响。由于婴儿没有太多的认知经验，因而在受到事件的刺激时，没有评估过程，而是直接地产生肢体动作或生理上的反应，谈不上情绪管理。但由于情绪反应经验的积累，到了婴儿阶段，就能够觉察自己的情绪，在父母或照顾者的引导下，开始学习情绪的自我管理。因此，0～3岁婴儿都是从被动的情绪管理逐渐积累情绪经验，在3岁时便能够建立理性情绪，具备情绪信念。

所谓"理性情绪"，是指神经系统在接收到一项刺激信息的时候，能够判断眼前的处境，适当地调整或改善情绪状态。这样的调整能力，包括对自己的情绪察觉、对生理状况的觉知，以及学会及时放松。因此，发展婴儿的情绪智能，育婴师必须做好以下四项工作：

1. 提高父母或抚养者的情绪管理能力

父母的情绪直接影响婴儿的情绪，因此提高父母的情绪管理能力，是婴儿情绪发展的重要元素。育婴师在尽可能的范围内对家长进行必要的辅导：

（1）培养耐心，提高情绪察觉能力，不轻易对婴儿发脾气。

（2）读懂婴儿的情绪语言，能够及时回应婴儿的需求。

（3）避免给予婴儿太多负面暗示、使用负面语言挫伤婴儿的心智。

（4）多肯定婴儿的优点，避免粗暴打骂及数落婴儿的过失。

（5）给婴儿建立基本规则，要求婴儿做到的同时，本身也能够做到。

2. 引导婴儿了解自己的情绪。

婴儿处在感觉动作阶段，需求不能获得满足就会产生负面情绪，因此在接纳婴儿的情绪同时，通过良好的互动，引导婴儿察觉自己的情绪，觉知自己在情绪爆发下的肢体表现或生理反应。例如，哭闹、打人、呕吐、小便失禁、睡觉时候做噩梦，婴儿了解这些不愉快经验的产生根源，才能将负面的情绪转化为正面情绪，积累更多的情绪经验。

3. 引导婴儿表达情绪的方式。

在抚平婴儿的激动情绪时，同时要求他立刻改变情绪的表达方式是无法收效的。婴儿处在负面情绪下，不可能同时以正面情绪聆听并接纳指导，因此必须首先纾解他的负面情绪，帮助他放松，在情绪稳定时，才和缓地向他示范适当的表达方式和可能获得的回应。例如：在孩子还没有语言表达能力阶段，替他说出需求并说出回应的方式；在孩子已经会说话，就要示范如何说。能够说出需求，就会延缓情绪反应。替他说和听他说，都会有相同的效果。

4. 引导婴儿了解他人的情绪。

了解他人情绪需要具备一定的认知经验，婴儿缺乏认知经验，看到别的婴儿啼哭，就会跟随着哭，这是同情；看到妈妈生气，也会啼哭，这是恐惧感造成的。所以婴儿没法发展同理心。1岁以后，懂得观察大人的表情和行为，渐渐积累经验，因而有了知觉能力，为了获得需求的满足，尝试"迎合"对方，但这不是理性的接纳对方的情绪，不是同理心。但是，在婴儿扩大人际世界之后，从观察别人的反应中获得经验，这些经验在自主意识逐渐发展下，开始有了"窥探别人的想法"，这就有了发展同理心的条件。因此，在孩子步入自主意识敏感期后，就应该引导他去观察并了解别人在想什么？为什么他会这么想？要这么做？这就是培养同理心的基本做法。有同理心，能够了解他人的情绪，才能够发展孩子的自律。

二、婴儿的情绪发展水平

表5—3   婴儿的情绪发展水平

年龄	情绪表达	情绪理解
0～6个月	①对抚养人展现笑容，高兴时会开怀大笑，并开心地和对方互动 ②情绪表达逐渐形成有意义的、组织良好的模式	在面对面的沟通中，透过比对照顾者的感觉来觉察情绪
7～12个月	①愤怒与恐惧的频率和强度逐渐增加 ②视抚养人为安全港，抚养人离开就会表现得烦躁不安 ③透过接近或远离刺激来调节情绪	①能够觉察他人情绪信号的意义，例如，从脸部表情看出对方是不是喜欢自己 ②进行社会参照，从他人的情绪反应来了解自己的情绪
1～2岁	①自我意识情绪出现，但容易受到成人干预或鼓励所影响 ②开始运用语言协助情绪自我调节，对着玩偶说话是调节自我情绪的主要方法，但多数仍然处在"拍打"的发泄方式	①开始理解他人的情绪回应可能与自己不同 ②开始尝试使用有关情绪的语汇 ③开始有表现同理的倾向，但还不能接受对方的情绪

续表

年龄	情绪表达	情绪理解
2~3岁	①自主意识的敏感度越来越强烈，总是以"不"来回应需求，容易产生抵触情绪 ②语言表达能力的不足，经常以行为（如摔东西、哭闹）来回应大人的不理解 ③在规矩的约束下，情绪反应可以延缓，于是开始学习控制情绪	①对于产生情绪的原因、后果和行为信号的理解能力还处在模糊阶段 ②语言能力较高的话，由于善于沟通，能够较好地理解他人的情绪，同理心较强

三、婴儿的社会性发展指导

婴儿的社会化能力发展是透过先天气质、认知能力和对父母或抚养人的依恋行为所铺垫的心理基础，在适应生活环境与人际互动的经验中渐渐发展的，这种能力的发展必须在感觉体验中，从心理构建到行为表现，不能依靠外力的教导，而是一个自我成长的过程。0~3岁婴儿的社会化能力发展影响着情绪智能，也是3岁以后进入幼儿园的适应力、参与力的基础。所以，育婴师不能忽略婴儿的社会化能力的发展需要，特别是在独生子女家庭，帮助婴儿建立良好的人际经验，是一项不容忽视的任务。

1. 性格的培养

每个孩子都是天下独一无二的个体，这是因为他具有个人的独特性，这种独特性成为思想与行为的特征时，便形成性格。由于性格是天生特质和后天成长环境交互作用下产生，具有一定的可塑性。育婴师在引导婴儿对外来刺激的反应和情绪发展上是可以，也应该有所作为，能不能做得很好，关键在于掌握婴儿的天生特质和成长特点：

（1）活动量。并不是每个孩子都能够按照父母的要求，塑造成为你期待的样子。文静内向型的孩子不可能通过训练就变成活泼好动；同样，好动外向型的孩子不能要求他总是文静乖巧。有些婴儿"动个不停"，睡眠时间不长，给他修剪指甲、换尿不湿或洗澡，都不能好好配合；相反，有些睡全觉，醒来也不哭不闹，给他做抚触按摩也能好好配合。接纳不同特质婴儿的特点，顺势引导是关键。一般来说，有合理的活动规划，能够和孩子保持良好互动，孩子的正面情绪获得发展，就能够适当地调整活动量，但不宜采取强制性训练来完全改变文静型或好动型孩子。

（2）规律性。听话，接受父母约束的婴儿，在饮食、睡眠和游戏时都表现得很有规律，做事有条理；相反，有些婴儿就表现得很散漫，睡眠时间不定，饮食、大小便的时间也不固定。对于后者，不只是要建立规则，还要温柔地坚持，从培养良好习惯上着手。

（3）适应力。有些婴儿开朗大方，对人友善，在面对新事物、新环境，乃至陌生人，都能够接受而不排斥；相反，有些婴儿畏畏缩缩，躲避陌生人，也很难适应新环境、接受新事物。这并不纯粹是胆大胆小的问题。大人的良好示范，以及透过"社会参照"（从他人的经验中获得启示），可以逐渐提高孩子的适应力。

（4）情绪本质。情绪有正面、负面，经常处在正面情绪的婴儿总是快乐开朗，喜欢帮助别人；相反，经常处在负面情绪的孩子闷闷不乐，容易发脾气，缺乏热情。理解并接受孩子的情绪，以温和委婉的姿态和孩子保持良好的互动，协助孩子放松，培养孩子的学习兴趣，这样可以渐渐改变孩子的情绪特质。

（5）注意力。有些婴儿在从事某个游戏或活动时很容易全身投入，一般干扰都不会轻易放弃，注意力可以坚持10分钟或以上；但有的婴儿注意力容易分散，会被突然介入的新事物打断而转移注意力。注意力集中对于学习是好事，但却容易造成倔强的个性，想要什么就非得到不可，经常造成教养上的困难。因此，培养孩子的思想弹性，能够接受多种选择也就很有必要。

（6）反应力。有刺激就该有反应，这是常态。但有些婴儿什么事都慢半拍，对家人的招呼不理会，大小便不说，尿湿了裤子也不当回事，这样的婴儿无论是生活自理能力或习惯的养成都比较困难；相反，有的婴儿的反应过于强烈，不能立刻获得满足就哭闹不停。不管怎样，过度反应或反应迟钝都不利于孩子的正面成长，通过游戏训练调适反应力是必需的。

2. 健康的依恋关系

依恋是婴儿与主要抚养者（通常是母亲）间的最初的社会性联结，也是情感社会化的重要标志。在婴儿同主要抚养者的最多、最广泛的相互接触中，在同母亲的最亲近、最密切的感情交流中，婴儿与母亲之间逐渐建立了一种特殊的社会性情感联结，即对母亲产生依恋。其通常表现为，婴儿将其多种行为，如微笑、咿呀学语、哭叫、注视、依偎、追踪、拥抱等都指向母亲；最喜欢同母亲在一起，与母亲的接近会使他感到最大的舒适、愉快，在母亲身边能使他得到最大的安慰；同母亲的分离则会使他感到最大的痛苦；在遇到陌生人和陌生环境而产生恐惧、焦虑时，母亲出现能使他感到最大的安全、得到最大的抚慰；而平时当他们饥饿、寒冷、疲倦、厌烦或疼痛时，首先要做的往往是寻找依恋对象母亲，接近母亲的可能性要大于接近任何其他人。

依恋或依附抚养人是婴儿的天生特点，但建立健康的依恋关系却是育儿的课题，也是育婴师不能逃避的任务。由于育婴师是婴儿的主要照顾者，又善于掌握婴儿的情绪特质，能够和孩子保持良性互动，稍不留意，便会渐渐成为婴儿的依恋对象，使得婴儿和父母的依恋关系淡薄，造成将来难于改变的成长问题。因此，育婴师掌握好尺度，协助孩子与父母建立良好的互动，促进亲子依恋关系也是一项重要的职责。

从婴儿的自然成长过程观察：0～3个月的婴儿会随意对人微笑，接受任何人的拥抱，到3～7个月就会认生，选择性地接受或拒绝接触他人，6～12个月就会产生强烈依恋照顾者，照顾者不在会啼哭，离开就跟随，对陌生人总是警惕戒备。在1岁以后，有了恒存概念，记忆力也提高了，知道照顾者即使不在眼前，也不会消失，于是开始接受他人的互动。这就是健康的依恋关系。但是，当主要的照顾者是育婴师的时候，要让孩子与父母建立健康的依恋关系：

辅导婴儿的父母如何运用"致意回应"（greeting response）技术以引起婴儿注意，增进情感互动。例如："左抱法"，左手抱着婴儿，右手托着婴儿臀部，亲子对视，左眼对左眼，左耳对左耳，这样视觉和听觉的信息就会直接传入对方的右脑，刺激着他们的感觉和情绪，进行着情感的交流。再如：父母把脸贴近婴儿的脸，做出亲昵的表情，婴儿注视着，会把头部后仰、嘴巴半开、眉毛上扬，用咿呀儿语来和父母交流。这些亲近婴儿的活动，都可以促进亲子依恋。但对于1～3岁的婴儿，"致意回应"的方式方法就有所改变：每日固定的亲子互动时间、亲昵的交谈、睡醒时的早安致意、入睡前的晚安祝福，都是促进亲子依恋关系的有效办法。

3. 同理心的培养

同理心就是了解并接受对方的感受，因而能够站在对方的角度来看待问题，为对方设想，做出有利于对方、让对方能够接受的回应。这是一种内在的心理活动，不能依靠教育，必须通过游戏或活动进行培养。由于同理心是在情绪表达和情绪理解的相互作用下产生，所以在培养过程中必须具备察觉他人情绪及一定的情绪替代经验，婴儿还不具备这种能力，因此同理心的培养只能在2～3岁阶段进行。

同理心的底层建构来自同情心。初生婴儿就具备以哭泣来回应他人的哭泣，这种关心他人的情感联动，为以后发展理解他人的感受建立了基础。不过，同理心的产生涉及复杂的认知与情感互动，只有在儿童建立自我意识以后，能够理解自己和他人之间有区隔下，才具有"侦查"他人不同情绪的能力。2岁的婴儿可以感觉到他人的不开心，主动去表达关怀，尝试缓解他人的情绪。

培养婴儿的同理心的两条途径：

（1）育婴师与父母或抚养人的良好示范。和蔼可亲、倾听孩子的诉求、鼓励孩子的情绪表达、对孩子的感受及时地展现出敏感与同理关怀，这种潜移默化的作用，会直接影响孩子以关怀的方式去回应他人的忧虑。

（2）透过游戏与活动的过程引导孩子自己领悟．许多游戏与活动，例如，模拟或角色扮演游戏、过家家、画画与沙盘搭建等活动，都可帮助孩子领悟同理的价值与作用。

4. 保持良好的亲子互动

在婴儿萌发自主意识，总是表现得"不听话"的敏感期，如何保持良性互动，通过引导、启发，给孩子足够的时间与空间，让孩子满足探索求知的需要是发展社会能力的重要条件。特别是在倾听孩子、打开亲子沟通的渠道上要特别予以重视。

5. 引导婴儿处理人际关系

许多人都以为用"礼貌"的要求，训练孩子去和他人打招呼就是在发展人际关系；把自己的东西和他人分享，就是人际关系良好。这是不实际的，也是脱离孩子的成长规律的做法。发展孩子的人际智能，应该从认知对方开始。孩子只有在认识陌生人以后，才会主动去和他打招呼，只有在确保安全之后，才愿意去和陌生人接近。这也是自我保护的本能。在婴儿眼中，除了父母、抚养人及家人，别的都是陌生人。因此，不要要求孩子被动地去接近陌生人。但对于同龄的小朋友，孩子都会有"想亲近"的心理，只是不会沟通，也还没有一同玩的能力，在相处时很容易发生扭打的行为。因此，不要要求婴儿做超出成长规律的事。一般来说，婴儿阶段只能自己玩，而2～3岁婴儿，即使在一起玩，也是各玩各的。如果父母或照顾者能够引导、带领着孩子们一同玩，就能够帮助他们更快地学会和玩伴相处的方式。

四、婴儿社会性发展特点（见表5—4）

表5—4　　　　　　　　　　婴儿社会性发展特点

年龄	社会行为
0～3个月	朝向说话声转头观看 认识主要的照顾者，产生依恋 喜欢被安抚，以微笑回馈 能够区别照顾者和自己

续表

年龄	社 会 行 为
4～6 个月	尝试以哭声、婴儿语或微笑吸引成人和他玩 以身体动作如微笑、踢腿、舞动手臂来回应熟悉的脸孔 以婴儿语回应成人的话参与互动 能够区别熟悉与不熟悉的成人或环境
7～9 个月	与熟悉的人分开时显得烦躁不安 以依偎或哭闹来表达不让照顾者或熟悉的人离开 从探索照顾者或熟悉的成人外观开始社会性觉知 关注周围人的苦恼或愉快的表情 喜欢注视其他儿童并愿意和他互动 喜欢玩游戏与回应游戏，如躲猫猫 能够单独玩游戏，如叠积木 对别的人或物品发展出喜好 在陌生人出现时表现出害怕或苦恼
10～12 个月	只要照顾者在身边，对他产生偏爱，不愿意让他离开 能和其他婴儿相处，但各玩各的，进行平行游戏 喜欢玩弄自己的手和脚趾 开始认识自己，肯定自己 从认识身体各部位开始，发展出自我认同感 开始区别男孩女孩，接受自己的性别特点
13～18 个月	寻求个别人的注意 喜欢模仿他人的行为和表情 开始认识自己是个单独的个体 能够和照顾者以外的人互动 表现出对所有物品的占有欲 开始尝试独立完成工作，不愿意他人插手或指导，自主意识逐渐萌芽
18～24 个月	对其他人的陪伴表现出热情，但还是怕生 以自我为中心看世界，否定他人的观点或指示 专注于独自游戏，不愿意受到他人干扰 开始关注物品的应用功能，喜欢玩功能性玩具 自我保护意识加强，对陌生事物都怀有警惕心 能在相片或镜子中认出自己和抚养人 能以"我"来指称自己 能从显著特征如头发的颜色来区分不同类的人 减少对陌生人的恐惧

续表

年　龄	社　会　行　为
2～3 岁	能够独自在熟悉的环境中活动 能区分我的、你的和他的，开始建立物品归属权的意识 表现出对其他儿童的喜爱，尝试和对方做朋友，爱亲近比他稍大的儿童 喜欢和小朋友一起玩，但各玩各的 能够从他人的表情去理解他的情绪，并作出适当的回应 会用肢体语言表达自己的情绪 开始关注好朋友的父母 遇到熟悉的人会主动招呼

第四节　婴儿发展评价

一、婴儿发展评价概述

1. 婴儿发展的含义

发展是指个体从生命开始到终了的一生时间，其生理、心理以及行为上产生变化的过程。在这个变化过程中，最初的、最显著的是身体外形上的变化，由于身体的变化，带动了机能的成熟，进而导致心理特征发生改变，比如有了语言、发展了感知觉和认知。心理特征的这些改变，使人具有了复杂的行为方式，以适应复杂的环境，在适应环境的过程中发挥潜能。

婴儿发展是指婴儿在 0～3 岁期间，其在生理、心理以及社会行为上不断成熟、变化的过程。

2. 婴儿发展评价的含义

婴儿发展评价是以正常的行为模式为标准，来评价观察到的行为，并将这种行为用年龄来表示。它是评价婴儿神经系统的完善程度和功能成熟的手段。因此有较强的专业性，能够较为准确地判断婴儿的发展水平。

比如：正常的行为标准是：10～14 个月会叫爸爸、妈妈，即凡是在这个年龄范围会叫爸爸、妈妈均属正常。观察到一个 1 岁半（18 个月）的婴儿，他还不会叫爸爸、妈妈，那么这个婴儿的语言表达发展水平低，用年龄表示不足 10 个月。

可见，婴儿发展评价是通过对婴儿发展水平和发展速度进行判定的操作方法，是用来评价婴儿神经系统完善程度和功能成熟的手段。

3. 婴儿发展评价的作用

对婴儿整体发展水平、各项能力如：大运动、精细动作、语言、认知、社会性等的发展水平及发展速度进行评价，有助于对婴儿个体特征和发展需要进行全面、深入、客观地了解。评价的目的不是给孩子贴标签，通过评价可以更好地了解婴儿发展中的优势和不足，以便进行有针对性的教育。这是制定个别化教学计划的基础和前提。

二、婴儿各领域一般发展水平

1. 大运动领域一般发展水平

1个月，俯卧尝试抬头；2个月，抱起时头可竖直几秒钟；3个月，扶坐时头稳定；

4个月，俯卧时能抬胸；5个月，能从一侧向另一侧翻身；6个月，能在轻微支撑下坐；

7个月，仰卧可翻身；8个月，可以独坐片刻；9个月，扶腋可站；

10个月，向前或向后爬；11个月，双手扶物站；12个月，扶栏杆走；

13个月，可以爬上台阶；14个月，独走数步；15个月，喜欢推童车；

16个月，能弯腰拾物；17个月，小步跑，爬沙发；18个月，举手过肩扔球；

21个月，拉着大人的手上楼梯；24个月，双足跳离地面；27个月，独自上下楼梯；

30个月，独脚站立6秒；33个月，立定跳远；36个月，两脚交替跳。

2. 精细动作领域一般发展水平

1个月，伸手放到口中；2个月，紧握短棍；3个月，玩弄自己的手；

4个月，摇动并注视拨浪鼓；5个月，抓住近处的玩具；

6个月，会撕纸，能握两块方木；7个月，会积木传递；

8个月，拇指捏小丸；9个月，拇食指捏小丸；

10个月，拇食指动作熟练；11个月，打开包方木的纸；

12个月，全掌握笔留笔道；13个月，用笔在纸上画；

14个月，两手同时各拿2块积木；15个月，从瓶中拿小丸；

16个月，用2块积木搭高；17个月，自发乱画；

18个月，积木搭高4块，模仿画竖道；21个月，用玻璃丝穿过扣眼；

24个月，穿扣眼后将线拉过；27个月，穿6颗珠子；

30个月，会用剪刀剪纸；33个月，模仿画圆；36个月，模仿画十字。

3. 语言领域一般发展水平

1个月，发声音而不是哭；2个月，发a、e、o等元音；3个月，笑出声音；

4个月，发出咿呀声；5个月，对人或物发声；6个月，叫名字有反应；

7个月，发ba～ba、ma～ma音，无所指；8个月，有意识摇铃；

9个月，会表示欢迎，再见；10个月，摇头表示"不"；11个月，能发单音字；

12个月，有意识叫爸爸、妈妈；13个月，有想唱歌的趋向；

14个月，知道自己的名字；15个月，清晰地说4个字；

16个月，认识图片中的一件物品；17个月，要说有明确含义的句子；

18个月，说10个字、能听话；21个月，能回答简单问题；

24个月，会说2句以上儿歌；27个月，说含10个字的句子；

30个月，说出2件以上物品的名称；3个月，连续执行3个命令；

36个月，懂得冷了、饿了、累了。

4. 认知领域一般发展水平

1个月，眼睛追随光的移动；2个月，眼睛随摇铃移动；3个月，追视红球180°；

4个月，看用绳牵着的物体；5个月，抓住悬挂的环；6个月，用手摩掌（探索桌面）；

7个月，寻找滚落的物体；8个月，拉绳取环；9个月，方木对击；

10个月，找盒子里的东西；11个月，模仿推玩具小车；12个月，试着盖瓶盖；

13个月，从盒子中取方木；14个月，圆形放入形版中；15个月，翻书两次；

16个月，方形放入形版中；17个月，两孔形版可放入；18个月，10块方木放入杯内；

21个月，两孔形版翻转后即放入；24个月，一页一页翻书2～3页；27个月，认识大小；

30个月，知道数字1与许多；认红色；33个月，懂得例外；36个月，认识2种颜色。

5. 社会性领域一般发展水平

1个月，被抱起来时，能安静下来；2个月，逗引有反应；

3 个月，眼睛跟踪走动的人；4 个月，认亲人；

5 个月，扭头注意说话或唱歌的人；6 个月，伸臂要抱；

7 个月，认生；8 个月，懂得成人面部表情；9 个月，跟镜子中的影像玩；

10 个月，会表达感情；11 个月，会挥手再见；12 个月，服从简单指令如：把杯子给我；

13 个月，能配合穿衣；14 个月，在帮助下用杯子喝水；15 个月，会脱裤子；

16 个月，像大人一样把书摆好；17 个月，可以自己端半杯水；

18 个月，白天控制大小便；21 个月，开口要东西；

24 个月，主动穿衣或脱衣；27 个月，可独立使用勺或筷子吃饭；

30 个月，来回倒水不洒；33 个月，会解扣子；36 个月，会扣扣子。

三、婴儿发展评价的方法

婴儿发展评价主要使用观察法和测验法。

1. 观察法

评价首先要掌握儿童发展的年龄特点，所谓年龄特点就是：不同年龄阶段儿童在运动、语言、认知等各领域中特征性的行为表现。他是各个年龄阶段儿童发展的一般规律，可参照上面婴儿各领域一般发展水平，以年龄特点为参照，比较这个孩子的发展。比如：别的孩子 1 岁会走了，可是这个孩子 1 岁半了还不会走，他在这一项的能力发展的晚。再比如，一般孩子 7 个月可以独坐，8 个月可以扶站，1 岁可以牵手独自迈步走。如果他8～9 个月不会独坐，10 个月不能扶站，这个孩子运动发育就晚。

再比如：4～6 周会笑，3 个月能笑出声，4 个月能大声笑，如果婴儿 4～5 个月仍旧不哭不闹特别安静，就可以发现这个婴儿的发育可能比别的孩子落后。

2. 测验法

使用发展测验，对儿童进行评价。首先逐一评价每个领域的发育水平，计算发育商数，之后计算总的发育商数，以明了儿童的发育水平和发育特点。

发展评价一般都是个别测验，所谓个别测验就是一个主试对一个被试的个别测验。发展评价又分为诊断性测验和筛查测验，筛查测验使用起来比较简单快速，可以短时间获得客观的信息。它的作用是在没有症状的人群中将有问题和可疑有问题的孩子挑出来，以便进行预防和干预。

诊断性测验主要的作用是：通过对测验结果的分析，了解儿童心理功能和特点，儿童的优势和不足，以便进行有针对性的教育。评价的结果是教育的依据。

测验法尤其是诊断性测验是专业性很强的评价方法，对使用者的要求高，需要由专业人员进行。

第五节　个别化教学实施指导

一、个别化教学计划概述

每个婴儿都具有独一无二的个人特点、兴趣、能力和学习需要，教养体系设计和教育方案的实施应充分考虑到这种特点与需要。由于个体内部差异的存在，使得每个人的特点与需求不同。只有针对个体特点与需求进行有针对性的教育训练，才能最大限度地挖掘每个人的潜能。个别化教学正好体现了这样一种思想观念。

个别化教育是当今世界教育发展的潮流和趋势，针对不同婴儿设计出具有个性化的教学方案，婴儿的早期教育就更应该体现这一点。

1. 个别化教学计划的概念

个别化教学计划就是根据每个婴儿的特点与需要，制定适合婴儿个性的、促进婴儿发展的教学计划。个别化教学是通过每日的教学活动来实现。一日教学计划是个别化教学的基础，是个别化教学计划的精髓。

2. 个别化教学计划的类型

对婴儿来说游戏即教学，个别化教学可分为以下 4 种类型：

（1）个别教学。即一对一教学，具有很强的针对性，是教育婴儿的一种不可缺少的方法。一对一的个别化教学主要适用于家庭。

（2）小组/团体教学。3 人以上为小组，7 人以上为团体，这种教学可以为婴儿之间互相模仿和交流提供条件，有利于婴儿的社会性发展。团体教学和小组教学主要适用于托幼、亲子早教机构。

（3）领域教学。根据婴儿在大运动、精细动作、语言、认知、社会行为培养等几大领域的发展水平和目标，选择相应的教育内容，设计制定促进婴儿发展的游戏方案，并依照方案实施教学。

（4）综合教学。教学活动和游戏方案涵盖婴儿发展的各个领域。在教学和游戏活动的过程中，各个领域的内容要互相联系、互相渗透，各方面的教育综合组织为一体。综合性个别化教学计划是一种全面反映婴儿发展情况，又针对婴儿的个别需要所编制的书面教学计划。

二、有效实施个别化教学

1. 正确解释和使用测评结果

（1）熟练掌握婴儿不同领域、不同年龄发育水平测评标准。

（2）熟练掌握婴儿发育状态的测评、分析方法。

（3）熟练掌握婴儿发育中各种不同状态。

（4）熟练掌握安排多种活动形式的方法。

提示：测评后，可获得婴儿在各个领域能力发展的最高点。这个最高点就是教育训练的起点。

2. 设计、实施个性化教学计划

（1）遵循小步骤原则、强势带弱势原则。小步骤是结合婴儿各领域发展的规律制定的循序渐进的一些方法。举例：用剪子剪：剪小口（门帘）、剪直线、剪曲线、剪图形（圆、方形、三角形）、剪动物等。每个婴儿都有各自的强势和弱势领域。在制定个别化教育方案时，要充分利用各领域活动的相互渗透和交互作用，强势带弱势，促进弱势的发展。举例：强势是精细动作，弱势是语言，则可在训练中适当运用语言指令，以增强语言能力的发展。模仿学习是婴儿重要的学习方式，故成人要树立好榜样，扩大正面强势的影响，消灭负面强势的影响，利用正面强势带弱势。

（2）制订计划，锁定长短期目标。长期目标，是婴儿发展的阶段性目标。短期目标，是婴儿近期应该达到的目标。

（3）结合目标，选择活动主题，确定教学活动内容及教学形式。教学活动的内容应涵盖感官知觉、大动作、精细动作、认知、语言、生活自理、社会交往等方面的内容，并选择相应的教学形式。

（4）个别化教学计划的具体实施。

3. 实施一对一的个别化教学计划的步骤

（1）根据婴儿的特点与需要，制订个别化教学计划的内容与操作方法。

（2）准备教学过程中必备的玩教具。

（3）按约定的时间准时等候婴儿，如果是入户教学，则需按约定的时间准时到达婴儿的家庭，注意避开婴儿的吃奶和睡眠时间。

（4）按常规要求接待婴儿和家长，如果是入户，进门后要主动换鞋、洗手（尊重婴儿家庭的习惯）

（5）按照个别化教学计划的要求进行操作。5个月以内的婴儿可以根据婴儿特点直接进行训练，年龄稍大的婴儿要先与家长进行沟通，再与婴儿交流，与婴儿熟悉之后再进行教学计划。

（6）做好个别化教学计划实施的纪录。育婴师应该及时记录婴儿在训练过程中的表现，哪些地方不错，哪些地方还需要加强训练，这样才能更好地为婴儿制订下一次的活动计划。还有一点也非常重要，在训练完婴儿后，应该将婴儿的表现分析给家长听，让家长明白自己应该加强哪些方面的训练。

4. 实施团体或小组教学计划的步骤

（1）熟悉个别化教学计划的内容及操作方法。

（2）准备教学过程中需要的玩教具。

（3）向家长讲解注意事项及配合教学的方法。

（4）安排小组练习（将水平及训练目标接近的婴儿分为一组）。

（5）安排个别婴儿的训练（根据每个婴儿的不同需求和训练目标进行个别训练）。

（6）不同的练习内容在同一时间内进行练习。

（7）组织家长与婴儿进行一对一的练习并进行个别指导。

（8）做统一的团体游戏训练。

（9）安排课后家庭练习内容（以婴儿本人为参照，不作横向比较）。

（10）记录教学训练的结果，对婴儿的进步进行评估。

三、个别化教学参考案例

以12个月龄的婴儿为例。

1. 婴儿基本情况

婴儿月龄：12 个月。

婴儿的情况分析：

（1）大运动：别人扶着能走，但是不能自已行走。

（2）精细动作：能将两块积木搭在一起。

（3）认知方面：能认身体的两三个部位，但是认不全。

（4）语言方面：有时能发出爸爸、妈妈的声音。

（5）社会性行为：能自己将帽子和袜子脱下。

2. 教学方案

根据婴儿情况分析，制定出的该婴儿综合教学方案（见表 5—5）。

表 5—5 　　　　　　　　　　　婴儿综合教学方案示例

领域	长期目标	短期目标	教学活动
大运动	能够走稳、自如蹲起	不需别人扶助，走四五步。 宝宝能够不扶东西独自站起、蹲下	走、蹲、站结合一起的游戏活动
精细动作	促进手眼协调	能够搭积木 4 块左右 一页一页地翻书练习	亲子阅读活动，练习翻书 积木游戏
认知能力	知道各种物体的名称	知道身体各部位的正确名称 生活中的物体的名称	听名称指身体或物体的游戏
语言能力	单字句练习	能够有意识地叫爸爸、妈妈 发出一个音表达自己的愿望	语言游戏
社会性 行为能力	自理能力	大小便的习惯，并逐渐懂得坐盆 能有意识的拿勺自己吃饭	掌握孩子大小便的时间，练习坐盆 自己吃饭的练习

第六章　培　训　指　导

第一节　培训组织指导

《育婴员国家职业标准》是我国第一部把从事0~3岁婴儿生活照料、护理和教育作为职业进行标准化、规范化管理的工作标准。对育婴师进行业务培训和业务指导是育婴师师资应具备的技能，作为育婴师职业讲师，主要职责是要对育婴师工作进行培训、指导和评估，并帮助他们处理和解决工作中出现的各种问题。因此，育婴师师资人员首先应该了解和熟悉《育婴员国家职业标准》的内容，熟悉育婴师职业工作的内容和技能，这是做好培训、指导和评估工作的基础和前提。

一、开展培训指导的原则

1. 主体合法性的原则

开展职业培训工作，培训的主办机构应当具有合法的培训资质。正常途径可以通过向所在地的人力资源和社会保障主管部门申请，获得办学许可资质。如果主体不合法，一是无法保证培训教学的正当性和延续性，使后续的培训指导工作无法正常开展；二是难于保证培训学员参加相应的技能鉴定考核，影响学员的结业和就业。

2. 循序渐进的原则

培训指导的目标与内容应符合育婴师职业标准和职业工作内容，制定相应的培训教学计划和大纲，根据职业等级以及培训对象的基础和接受能力，按照循序渐进的原则，对相关的工作知识和技能进行培训指导。

3. 理论联系实际的原则

培训指导的内容既要有系统的理论知识，又要体现实际操作能力，保证培训人员能达到持证上岗的要求。传授的相关知识和工作技能要看得见、摸得着、易操作、好考核，体现针对性和实用性。有利于指导和帮助育婴师解决工作中出现的各种实际问题。

4. 教学互动的原则

把培训对象作为培训的主体，培训的内容和方法要以他们是否需要、是否能够接受为出发点。在培训过程中要充分调动培训者的积极性和主动性，让他们充分发表意见，提出问题并共同讨论问题。在培训过程中，提倡参与式教学、情景教学、师生互动，在培训对象动手操作的过程中给予切实地指导，实现教学互动，掌握科学育婴相关的知识和工作技能。

5. 形式多样的原则

培训的主要目的是使培训对象掌握相关的职业知识和技能。因此，培训组织者在培训时间安排、培训手段和形式的选择等方面要积极探索。如集中培训和业余培训、专题讲座、个别指导、观摩学习；网络培训和面授现场培训、理论和技能培训，讲课与答疑、参观交流等培训方式和形式，提高培训的灵活性和多样性，从而提高培训的实效性。

二、培训计划的制订

一个合理的培训计划是达到培训目的的必要条件。培训计划可分为长期培训和短期培训。可根据培训对象的需求和工作要求来确定。培训计划一般包括培训目标、培训对象、培训时间、培训地点、培训内容、培训师资等方面内容，关键是做到行之有效，切实可行。

1. 培训目标

培训要达到育婴师职业标准的要求，同时要兼顾满足被培训者的需求。

2. 培训对象

培训对象主要是从事或准备从事育婴师职业的人员，以及想了解该领域的家长等。根据参加培训的人员范围，要着重分析培训对象的年龄、工作经验、学历构成等信息。

3. 培训时间

培训时间包括培训开始时间和截止时间，每天课时安排，总共需要多少时间、各项活动时间具体安排。培训时间必须满足育婴师国家职业标准的要求：即育婴员不得少于

80 标准课时，育婴师不得少于 100 标准课时，高级育婴师不得少于 120 标准课时，每标准课时为 45 分钟。

4. 培训地点

培训教学地点要选择那些既能进行理论授课，又能进行实习操作的地方。育婴师培训是一项操作性很强的工作，绝不可选择脱离实践的场所，也不可选择虽有实践工作场地而没有教室的地方。培训场地的布置，这也是很关键的，培训的环境决定了受训者是否能够全身心地投入培训。培训场地的布局原则是最大限度的舒适和参与。受训者的座位以保证目光自然交流通畅为宜。不要太拥挤，但也不要让他们坐得过于疏远。

5. 培训内容

根据培训教学计划和大纲制定出相应的培训课程内容和课时安排。课程表要依照课程的时间分配来制定。在制定课程表时要注意理论知识的学习与实操技能掌握紧密结合，一般来说理论知识的学习多安排在上午，实操技能的学习多安排在下午。

6. 培训师资及教学方式

进行育婴师培训一般周期较长，往往需要多位教师共同承担，因此选择好教师是办好培训的首要任务。要选择具有相应培训资质的人持证上岗，培训开课前要有培训讲师的资格和背景介绍。

教学方式应多样化，同时应能满足达到培训目标的需要，适当的教学方式有助于创造良好的学习氛围。

7. 培训器材教具

要有培训使用的器材与使用必要性的说明。培训的设施要根据培训内容准备好教学教具、仪器物品，所有的设备、器材和辅助工具顺序排放，以便能迅速取用。

8. 培训考核方式

育婴师职业考试采用理论知识考试和技能操作考核。理论知识考试采用闭卷笔试方式，实操技能操作考核采用现场或笔答方式进行考核。理论知识考试和实操技能操作考核均实行百分制，成绩皆达 60 分以上者为合格。

9. 培训评估

要确定培训采用何种方法、在什么时间进行评估，以了解培训教学效果。

10. 培训费用预算

培训费用预算包括授课教师劳务费、教材资料费、证书考试鉴定费等。

三、培训教学的组织

育婴师的教学组织与管理，首先应按照《育婴员国家职业标准》对本职业培训期限、培训教师、培训场地设备的具体要求进行管理，然后再根据社会发展需要和职业标准内容进行细化的组织与管理。

1. 教学师资的选用

参与育婴师教学的师资人员，应优先选用参加过国家职业标准的研究、开发工作或经相关行业主管部门或行业协会推荐，具有本职业教育培训经历的人员。

教学师资应接受过本专业培训、了解相关法律法规、有本行业工作经历、具有相应的专业技术职称、掌握通用的教学技能等。

师资选用除考核专业能力外，还应重点考察其职业道德、敬业度以及沟通合作能力。可以根据实际情况聘用专职或兼职教师从事教学工作，教学分工应独立承担专业理论教学或实习实操教学指导，原则上理论教师不少于 1 人，实操指导教师不少 2 人。为规范各自的权利与义务，办学方与师资人员应签订相应的聘任合同。

2. 教学文件的制定

（1）教学计划。要以《育婴员国家职业标准》作为教学计划制订的依据，教学计划主要包括以下内容：

1）培训目标。培训的总体目标、理论知识培训目标和操作技能培训目标，课程培训目标分析。

2）教学要求。包括理论知识要求和操作技能要求。

3）教学计划安排。教学课时地安排，育婴员不低于 80 标准学时；育婴师不低于 100 标准学时；高级育婴师不低于 120 标准学时（每标准课时为 45 分钟）。

4）每日教学进度安排。

5）拟定授课师资。

6）培训教材及参考资料等。

（2）教学大纲。以《育婴员国家职业标准》作为教学大纲制定的依据，教学大纲主要包括以下内容：

1）课程任务和说明。课时是如何分配的，包括理论知识部分、操作技能部分的面授、复习、考试时间的课时分配表。

2）理论知识部分教学要求及内容，教学建议；技能操作部分教学要求及内容，教学建议。

3）教学内容重难点分析。

4）教学策略分析等。

（3）教材及参考资料。

必备教材：《育婴员国家职业标准》《育婴员国家职业资格培训教程》《育婴师职业师资培训教材》《国家职业资格培训教程——职业道德》。

参考资料：0～3岁婴儿教育、0～3岁婴儿营养、0～3岁婴儿医疗、0～3岁婴儿护理、0～3岁婴儿保健、0～3岁婴儿个性化教学等相关专业图书不少于100册，每种不多于3册，如《科学育儿图谱》《新妈妈手册1～12月》《1～3岁婴儿教养手册》等。

3. 教学场地和设备配置

（1）理论教学条件

应满足培训教学需要的场地面积，教室照明、通风符合相关国家标准。设备配置要多媒体投影设备（2 500流明以上），实物投影仪一台，教学计算机一台（P4以上配置），网络接入设备，音响设备，黑板，白板，桌椅30套以上等。

（2）实操场地及教学设备

应有满足实习教学需要的生活护理实训室，演示教学实训教室，医疗护理实训教室，工位充足，其面积、环保、劳保、安全、消防、卫生、温度等符合相关规定及相关职业的安全规程。

生活护理实训室可配置娃娃模型、婴儿澡盆、毛巾、毛毯、婴儿牙刷、体重秤、卷尺、尿布、抚触操作台等设备。

教学实训室可配置感觉统合教具、蒙氏教学教具、奥尔夫音乐教具、婴儿发展测评工具箱、婴儿游泳设备等。

医疗护理实训教室可配置体温计、大小不同的消毒纱布、消毒三角绷带、一次性手套、安全别针、消毒眼垫和绷带若干、宽胶布若干、大小不同的创可贴1盒、一次性口罩若干、酒精、家庭常备小药箱（常用西药、常用中药）、家用安全角等。

4. 培训课程表的编排

可参考育婴师职业资格考试的时间来确定培训开班时间和开课日期。编排课程表时需要考虑到以下因素：主要授课教师的时间；实操场地和实习安排教学的时间；与其他同类课程共同开课的公共课程时间；培训期间是否有重要课程的讲座或会议等。另外，还应考虑到如果授课师资、场地等发生临时改变情况下的备选方案。

5. 培训招生简章的拟定

招生简章的内容要简短，重点突出，包括培训对象、培训内容、培训时间、授课师资、培训等级、证书颁发、培训收费等内容。简章的内容要真实，做到不夸大宣传和虚假宣传。

6. 认证培训班的工作流程

培训班的筹备—发放招生简章—学员在指定的时间和地点报名—申报资格审查—学员报到注册—发放课程表、听课证和教材—参加培训—考试辅导与复习—培训考核—发放证书。

四、培训教学的评估

开展培训效果评估，一般都是分层级来评估的。如广泛应用的柯克帕特里克（Kirkpatrick）四层培训评估模型。柯克帕特里克将培训效果分为 4 个递进的层次：反应层、学习层、行为层、效果层，并且提出在这四个层次上对培训效果进行评估，该模型的主要内容是：

阶段一，学员反应。在培训结束时，向学员发放满意度调查表，问学员对培训内容总的反应和感受。包括对培训内容、讲师、教学方法、教学手段、课程组织、场地设施、自己收获的大小、是否在将来的工作中，能够用到所培训的知识和技能等方面的看法。

通过这个层次可以对教学进行评估，作为改进建议或综合评估的参考，但不能作为评估的结果。

阶段二，学习的效果。确定学员在培训结束时，是否在知识、技能、态度等方面得到了提高。实质上要回答一个问题："参加者学到东西了吗？"这一阶段的评估要求通过对学员参加培训前和培训后知识技能测试的结果进行比较，以了解他们是否学习到了新的东西。同时也是对培训设计中设定的培训目标进行核对。这一评估的结果也可体现出讲师的工作是否有效。但此阶段我们仍无法确定参加培训的人员是否能将他们学到的知识与技能应用到工作中去。

阶段三，行为改变。这一阶段的评估要确定培训参加者在多大程度上通过培训而发生行为上的改进。可以通过对参加者进行正式测评或非正式方式，如观察来进行。总之要回答一个问题："人们在工作中使用他们所学到的知识、技能和态度了吗?"尽管这一阶段的评估数据较难获得，但意义重大。只有培训参与者真正将所学的东西应用到工作中，才达到了培训的目的，只有这样，才能为开展新的培训打下基础。需要注意的是，因这一阶段的评估只有在学员回到工作中去时才能实施，这一评估一般要求与参与者一同工作的人员如督导人员等参加。

阶段四，产生的效果。这一阶段的评估要考察的不再是受训者的情况，而是在部门和组织的大范围内，了解因培训而带来的改变效果。这一阶段评估的费用、时间和难度都是最大的。但对企业的意义也是最重要的。

以上培训评估的四个层次，实施从易到难，费用从低到高。一般最常用的方法是阶段一，而最有用的数据是培训对组织的影响。是否评估，评估到第几个阶段，应根据培训的重要性来决定。

以下是主要培训评估方法的优缺点比较与适用范围：

1. 观察法

(1) 优点。直观，便于操作。

(2) 缺点。只能提供被观察者的表象而不能揭示深层次问题；有一定的主观臆断性。

(3) 使用的基本原则。需要与其他的方法配合使用。

(4) 适用范围。适用于在培训中进行反应评估时使用；适用于培训后对受训者行为评估时使用。

2. 问卷调查法

(1) 优点。便于全面评估问题，并给予填写者足够的时间表达自己对整体培训的意见和建议。

(2) 缺点。如果设计不当或使用时机不合适，容易流于形式。

(3) 使用的基本原则。问卷的设计要符合培训目的；设计的问卷要充分考虑到各种不同的反应；应采用定性描述与等级打分制相结合的方法设计；由受训者完成的调查问卷应控制在10～15分钟内完成，若时间过长则不利于相关信息的反馈；鼓励受训者真实填写，可以视具体情况决定是否需要受训者留下真实姓名；应该在培训单元结束后立刻进行。

(4) 适用范围。可以广泛适用于反应与学习两个层次方面的效果评估。

3. 测试法

（1）优点。可以直接测试受训者对培训内容的掌握程度。

（2）缺点。有可能会使部分受训者产生紧张情绪，不利于正常水平的发挥；测试的成功并不一定意味着在实践工作中的成功。

（3）使用的基本原则。应针对培训内容与受训者的特点设计相应的测试内容，可以考虑使用试卷测试、模拟现场测试等多种方法；可以在培训结束后即刻进行，或者在培训结束后短期内进行。

（4）适用范围。主要用于学习层次的效果评估。

4. 课堂回顾法

（1）优点。由讲师带领受训者对重点内容进行回顾，便于纠正受训者主观上的错误认识。

（2）缺点。不利于发现每个受训者对培训内容的掌握情况。

（3）使用的基本原则。通常在某一培训单元或当天的课程结束后使用。

（4）适用范围。如果培训持续一天以上或包含有不同的培训内容，在培训的开展过程中使用，主要是评估受训者对学习内容的掌握程度。

5. 模拟训练法

（1）优点。包括角色扮演、模拟练习等多种方法，可以帮助受训者在"做"中熟悉培训内容。

（2）缺点。受培训内容、时间、场地、受训者接受程度等多种因素制约。

（3）使用的基本原则。在相关培训内容介绍完毕后使用。

（4）适用范围。主要针对学习层次即性效果评估，多作为一种培训方法而非评估方法应用。

6. 业绩评估报告

（1）优点。有助于全面评估受训者的工作表现。

（2）缺点。周期长，成本高；涉及多个部门；如果没有严格的制度保障和客观、公正的评估标准，则很容易流于形式；数据的收集也可能会存在一定的问题（如是否会按时取得所需要的数据，数据是否真实、全面等）；业绩的改善取决于多种因素，有时难以判断培训是否直接产生了效果。

（3）使用的基本原则。通常由多领域、多部门以及受训者的客户等人共同参与进行。

（4）适用范围。主要是针对行为、结果层次进行评估。

7. 访谈法

（1）优点。克服了其他评估方法无法进行双向式沟通的弊端，可以随时根据情况调整访谈的目的和方向，以全面获取所需要的信息。

（2）缺点。访谈的效果受制于访谈者的技巧与受训者是否愿意透露真实想法等多种因素。

（3）使用的基本原则。要有明确的访谈目的；掌握一定的访谈技巧。

（4）适用范围。经常作为一种辅助方法应用于反应、学习两层次的效果评估。

第二节　培训教学指导

一、了解成年人学习特点

参加育婴师培训的人员都是成年人，应该针对成年人的特点进行教学。

1. 具有主动的学习意识但学习压力较大

参训人员多为在职人员，年龄普遍较大，学习时间有限，学习压力大，深感"心有余而力不足。"

2. 注意力集中不易长时间维持

研究表明，成年人的注意力和儿童相比，更不容易长时间集中，所以，在给成年人培训时，通常课程时间不要太长。如果必须长时间授课，一定要加入适量的大幅度地互动，这样效果更好。

3. 社会经验丰富、实践能力强但理论知识薄弱

成人承担着多种社会角色，具有丰富的生活阅历，动手实践能力较强，但是文化基础知识普遍较低，知识体系不完整，无法满足社会科技发展的需要。

4. 理解能力较强但记忆力较差，遗忘速度快

成人多数具有较强的思维、分析能力，具有较强的理解能力，但是，成人学员的硬性记忆能力较差。

二、培训教学准备工作

作为育婴师讲师，要对培训课程的效果负责。培训效果的好坏很大程度上取决于培训师负责的程度，而负责的程度取决于培训师对授课的态度，授课态度体现在课前、课中和课后的每个细节。育婴师讲师在教学之前要对培训的各项情况做充分地准备，才能做达到理想的效果。

1. 了解情况

首先要详细了解本次培训的情况，包括培训目的、学员情况、学员对相关知识的理解、学员的预期等。讲师在授课前需要对学员的整体情况有初步了解，例如，统计参训学员的总数；学员的性别比例、年龄、学历层次、原有的专业名称、相关的从业经验、育婴师职业资格证书的等级、学习目的、参加培训的意愿；教师与学员的熟悉程度等。

还有一项也很重要，就是要了解清楚学员在本次课程前后内容的情况，负责任的培训师应该站在学员的立场安排好前后课程内容衔接，让听众很好地将内容融会贯通。

2. 设计授课形式

这部分非常重要，是以讲授为主？还是以讨论为主？互动环节如何设计？本次案例采用哪些？是否分小组讨论？……

3. 课件准备

作为负责任的育婴师讲师，不应拿着一套通用的PPT课件到处去讲课，不看培训对象而笼统地套用PPT。应该具体问题具体分析，根据不同的对象、不同的单位、不同的时间采取不同的培训策略。

4. 内容演练

无论多出色的育婴师讲师，课前对内容进行几次演练都不为过。要做到目标牢记在心，内容完整清晰、过渡完全自然、重点部分突出。

5. 课件备份

有准备的育婴师讲师课前都会做好课件备份。临到上课时文件损坏，或者自己没有准备电脑，而使用机构的电脑打不开。这种事经常发生。因此，课件一定要备份。

6. 现场熟悉

通常，育婴师讲师都要提前到培训场地去看一看，做到心中有数。再顺便检查教具物品、设备情况，看投影仪连接笔记本是否正常，音响、话筒，座位是否合理等。

7. 自我定位

讲师的自我定位非常重要，每次课的定位都可能不一样，而一旦定位错了，培训效果就会受影响。根据学员的情况进行正确的自我定位，把教学过程定位讲师与学员之间的相互学习、交流、分享的过程。另外根据学员的数量，课程也定位不同，学员数量比较多的情况，课程定位于演讲；学员数量比较少的情况，课程定位于交流互动。

三、确定培训教学原则

育婴师教学过程应遵循以下几个原则：

1. 科学性与思想性统一原则

科学性是指教学内容要反映客观的知识和最新科学成就，思想性是指在传授知识时要对学员进行一定的职业道德教育，培养学员职业道德素质，职业素质教育与知识的传授相辅相成，缺一不可。

2. 直观性原则

直观性原则是指在教学中通过指导学员观察或教师语言的形象描述，使学员对所学知识有丰富的感性知识，便于理解及记忆。直观教学形式一般分为三类：实物直观、模像直观、语言直观。

3. 循序渐进原则

循序渐进原则是指教学要按照学科知识的内在逻辑顺序和学员认知发展的顺序进行，使学员系统地掌握知识、技能，发展逻辑思维能力。

4. 理论联系实际原则

理论联系实际原则是要求教学理论与实际相结合，并引导学员将学习知识与实际运用知识相结合，提高实际技能，培养分析问题和解决问题的能力，包括动手操作能力。

5. 统一要求与因材施教相结合原则

统一要求与因材施教相结合原则是指教学既面向全体学员进行，对他们提出统一要求，使其全面发展；又承认学员的个体差异，采取多种不同的教学措施，使学员的个性得到充分体现。

6. 教师主导与学员的积极性、主动性相结合原则

在教学中既要发挥自身的主导作用，又要充分调动学员积极性和主动性，正确处理教和学的关系，把教师与学员的积极性结合起来，运用启发式教学，发扬教学民主，尊

重学员的经验，调动学员共享经验和智慧，把复杂的理论简单化，把枯燥的过程艺术化，教师的作用是引导而非单向灌输。

四、选择培训教学方法

教学方法是为了完成一定的教学目的和任务，师生在教学活动中所采用的方式、手段。教学方法既包括教师教的方法，又包括学员学的方法，是教法和学法的统一。

基本的教学方法有以下几种：

1. 讲授法

讲授法是教师运用口头语言系统地向学员传授知识的一种方法。讲授的形式包括讲述、讲解、讲演和讲读四种方式。

运用讲授法的基本要求：内容要有科学性和思想性，系统性和逻辑性；讲授要有启发性；要讲究语言艺术；要善于运用板书和使用现代化教学手段。

2. 问答法

问答法是教师在学员已有知识和经验的基础上，通过师生间相互对话，使学员获得新知识，巩固旧知识和检查知识的教学方法。

运用问答法的基本要求：准备要充分；要面向全体学员；气氛要融洽，学员能从容思考；进行必要的小结或总结。

3. 讨论法

讨论法是在教师的指导下，通过教师与学员、学员与学员之间的交流，发表自己对问题的看法，进行相互启发、相互学习的一种方法。讨论法有利于教师主导作用和学员主动性的发挥。

运用讨论法的基本要求：讨论前要做好准备，确定讨论的主题，学员分组，讨论进行时要做好启发引导；要做好总结。

4. 示范法

示范法是在课堂上教师运用实物、模型、图片、照片等教具，或采用现代化教学手段，示范动作等，使学员获得知识的教学方法。

运用示范法的基本要求：示范要做好准备；示范要和讲授紧密配合；示范内容要尽量被学员的各个感官所接受。

5. 练习法

练习法是学员在教师的指导下，反复地完成一定动作或活动方式，以形成技能、技巧或行为习惯的教学方法。

练习法可分为三种类型的练习：心智技能、动作技能、行为习惯。

运用练习法的基本要求：要明确练习的目的和要求；要选好练习的内容；要选择和掌握正确的练习方法；要让学员知道练习的结果。

6. 观摩法

观摩法是根据教学目的要求，组织学员到一定的实训基地或实操现场——早教中心、托幼机构、家庭等婴幼活动场所，使学员通过对实际操作现场的观察、研究获得新知识新技能的方法。

7. 案例教学法

案例教学法主要特点是：教师上课以实际案例的分析作为教学内容，学员充分参与讨论。形式也可以用典型案例分析讨论，考生发表自己的见解。

案例教学法的优点在于培养学员解决实际问题的能力和发展学员的创造性思维能力。

五、课堂教学艺术

教学艺术是指教师在教学活动中，遵循教学规律，创造性地应用各种方法和美的形象，使学员在愉悦中高效率地进行学习教学技能技巧。教学一方面要以科学作为基础，另一方面又要以艺术作为方法，教学是科学与艺术的统一。

主要的课堂教学艺术有以下几种：

1. 开场白艺术

良好的课程开场就意味着培训成功了一半。开场的方式很关键，一个好的开场白会吸引学员的注意力，留下良好的印象。培训开场方式有：自我介绍，开门见山提出主题，运用哲理性故事或幽默开场，双向沟通，提问，提示事实法，自我解嘲法等。

开场白避免以下的说法：

道歉："对不起来得太晚了"；寻求赞美，自我吹嘘；过分自谦与示弱；负面开头："不耽误大家很多时间""我准备得不是很充分"；嘲弄他人，抱怨，过分贬低学员；太多与主题无关的话题。

2. 表达艺术

（1）注意语言技巧。语言技巧作为表达的基本技巧，讲师需要注意提高自己在语速、语音、语调、语气的表达技巧。语调要抑扬顿挫，语气、语速具有节奏感，避免一口气平铺直叙。

语言的基本原则是表达的准确性、意识的完整性、语言的内装饰性即语言要丰富、形象和生动，最后是语言的外装饰性即语音、语调的美感。

（2）保持目光接触。目光接触是最直接的一种沟通形式，经验丰富的讲师可以通过目光的接触和现场气氛大致了解学员对培训内容的接受程度，并随时对授课内容进行调整以满足学员的要求。

保持目光接触的要点：讲师开口讲话前，保持与一位学员进行目光接触。每次对视的时间约为 5 秒钟，讲完一句完整的话后再换另一位听众。讲师不能将视线只集中在某个角落或某个人身上。尽可能与每一位听众做对视交流。

（3）使用非语言沟通。非语言沟通也是讲师在授课过程中与学员沟通的一种主要形式，如肢体语言、面部表情等，前面提到的目光接触也属于该范畴。

体态语言的总体要求是适度得体、保持风度，既要举止自如、沉着稳健、大方洒脱，又要动作规范、适应场合、文明礼貌、尊重对方，给人高雅的感觉。

（4）激情与情绪。当讲师表现出亲切和热情时，很容易给学员留下良好的第一印象，从而拉近与学员之间的心理距离。讲师的激情意味着活力，意味着发自内心的诚意，学员只有在感到自己被关注着并被讲师的激情所充分感染时才会产生巨大的学习推动力。

3. 提问艺术

提问是一种非常重要的培训手段，每个育婴师讲师都应该善于提问，实际上优秀的培训师都应该是提问专家，通过提问，可以达到以下五种目的：吸引注意力、获取信息、提供信息、引导他人进行思考和结束讨论。作为育婴师讲师，可以通过有意识地提出不同类型的问题，以达到不同程度的控制。

通过提问吸引学员的注意力，对培训进行控制。引导他人思考的提问方式在培训中最为有效，它可以引导学员进行思考。它经常以开放型问题的形式出现，例如，"为什么是这样的？""如果……会怎样？"或者"你怎样解释这种情况？"通过这种提问方式，可以激励学员学习，使他们为学习做好准备，还可以降低那些自以为领袖人物的学员的威信，或者说，通过这种提问方式，可以发现学员对某个话题是否感觉到兴趣。如果教师想要结束课程，就可以这样问"还有什么问题吗?"或者"我们大家都同意这一点吗?"等等，以此提示学员要结束培训了。

4. 回答学员提问的艺术

在培训中学员可能会提出各类问题，讲师应该预先考虑学员可能会提出的问题并简单地写出答案的要点。应对挑战性问题的一些策略：保持冷静；让提问者充分表达自己的意见，在他们说话时不要打断并加以评论；分析问题背后的潜在动机；观察其他学员对提问者的反应；表示对提问者的理解；集中在问题的核心上等。

5. 对学员的评价艺术

育婴师讲师对学员的评价是非常重要，而在众多的评价形式中，最直接、最快捷，使用频率最高，对学员影响最大的莫过于培训课堂中教师的即时评价。比如，评价价值点时，可以说"最值得欣赏的是……"；做示范性评价时，说"……这样，会好些……"；做概括性评价时，可以说"总的看来……"；在指出薄弱点时，可以这样说"遗憾的是……"，"比较可惜的是……"；在做小结性评价时，可以说"希望如此……"等。

6. 结束课的艺术

为了顺利地结束培训，讲师可以采用艺术的结束课程的方法。

(1) 结束课的方式。总结性结束，重申主题，例如"今天培训的主要内容是什么?""感受最深的培训内容是哪些?"，悬念性结束，回味性结束，祝福语结束，使用故事结束，名言佐证，行动鼓励等。

(2) 结束课的要求。要首尾呼应，紧扣教学内容；要简洁明快，时间适当；要设计好"结束性"教学用语。

(3) 结束语避免以下说法。寻求赞美；课程没有按计划完成，还有内容来不及讲；草草收场，匆忙结束。

六、教学课件的制作要求

1. 对 PPT 的正确认识

PPT（PowerPoint）课件，是辅助培训讲师的工具，培训讲师不是 PPT 的辅助工具。一定要以最佳的视觉效果，进而利用变化吸引学员的注意力。让学员更有效地理解，不要照着 PPT 上读。将自己想讲的，变成学员想听的。……

2. 对 PPT 设计要有逻辑性

（1）PPT 框架搭建呈现逻辑。为了让 PPT 框架呈现更有层次感、富有逻辑，培训师在设计课件的时候，需要搭建好框架，设置好相应的单元和过渡页以及封面、目录。在设计整体框架的时候，需要注意同一级别的过渡页要保持格式一致，不同级别的过渡页格式要有所区分。

（2）内容设计体现逻辑。育婴师讲师为了设计更具有逻辑性的 PPT，在设计课件之前，一般都会根据金字塔原理先搭建好课程框架，梳理清楚课程脉络。在设计课程的时候，育婴师讲师需明确每一单元的中心思想或者主题，列出关键句要点，再写出具体的支持以上要点的思想。当框架搭建好了，再根据框架内容来安排每页 PPT 的顺序。

单页 PPT 逻辑要点：标题要反映本页 PPT 的中心思想，这可以让学员快速地获取育婴师讲师想要传递的重要信息，而且可以保证信息传递的不变性。通常一页 PPT 只突出一个中心思想。否则，中心思想太多，不利于育婴师讲师演绎，也不利于学员获取信息。只有这样，才能保证培训师在演绎的每个时刻都保持信息传递的高度聚焦性。

3. 提升课件视觉效果

文字的处理、合适的图形、图表、图片的运用及"降噪"都能帮助育婴师讲师提升课件的视觉化效果。

（1）文字的处理。首先，选择合适的字号。课件 PPT 的标题设置建议 36～44 号，正文内容建议 28～36 字号，字号过小会影响后排学员的学习效果。

其次，选择合适的字体。字体建议使用黑体，因为黑体厚重，字体每一笔的粗细相近，在投影上显示的效果相比宋体更加清晰。

另外，如果想突出某些重要信息，可以通过增大字号、改变字体、加粗、变色等方法实现。

（2）图形图表的运用。字不如表，能用图表来表达的内容决不用文字呈现。如果文字信息较多，建议尽量通过图形提炼要点。大段文字即便内容框架清晰也让人头晕目眩，但是运用了图形来辅助呈现之后，就美观了很多。另一种情况下，当文字已经很精简了，图形还可以帮助培训师美化文字内容，让 PPT 的内容呈现更加直观。用适当的图片来表达内容可以为课件起到画龙点睛作用。

（3）降低"噪声"。PPT 做好了，最后育婴师讲师还需要检查每页 PPT 是否存在"噪声"。在 PPT 的页面中，颜色过多、字数过多、图形过繁、动画过闪、图表过杂乱都会影响内容呈现，这些"噪声"都需要消除。育婴师讲师可以从以下四个方面去"噪"：一张 PPT 只有一至两个重点内容，减少观众眼球来回移动的次数；根据内容，选择最适当的图形、图表；减少不必要的线条、符号等元素；删除和内容无关的图片。

第三节　家长培训指导

一、家长培训指导的意义

家长是婴儿的第一任老师，是婴儿物质生活的提供者和监护人。家庭环境、家长（看护人）的行为对婴儿的成长至关重要。尤其独生子女家庭，缺少了兄弟姐妹的相互影响和教育，因此家长的养育就起到决定性的作用。

养育包含着"养"和"育"的双重含义。养，供给生活资料或生活费用，以满足婴儿生理成长的需要，保证婴儿身体的健康发育。育，培养、教育。一种有目的、有计划地施以精神影响的过程，以满足婴儿精神发展的需要，保证婴儿心灵的成长和完善。

二、培训指导的内容

1. 帮助家长树立正确的家庭教育和科学的育儿观念

把婴儿真正作为一个独立的人，一个生长发育中的人，一个社会成员来看待，引导家长树立正确的婴儿观、发展观和教育观。让家长了解到用老一代的方法照顾和教育孩子主要存在哪些方面的问题。

2. 向家长介绍中外知名教育专家及主要育儿思想。

通过向家长介绍中外知名教育专家及主要育儿思想，向家长传授一些科学育婴的实用方法和技巧，帮助家长解决育婴过程中出现的疑难问题，满足不同家长的需求。

3. 培训家长在教育孩子的过程中，应遵循四"心"原则

第一，爱心。所有的母亲或父亲都认为自己不缺乏爱心，因为他们非常爱自己的孩子，但是由于爱心处理得不当，或者说爱得过分，使很多的孩子形成了一些不好的习惯，事实上，也没有按照父母的期望去发展。爱得过分实际上是溺爱，那么也是对孩子的一种残害。

第二，耐心。一个孩子的成长过程，会经历很多曲折和反复，在很多时候，可能是在不断尝试错误的过程中成长的，因此，在孩子的教育过程中，一定要有耐心，去接受孩子可能做出的错误事情。

第三，细心。细心，在孩子的成长过程中是比较重要的。因为在孩子的成长过程中，无论是生理还是心理，都会发生我们意想不到的一些事情。那么在处理这些事情的过程中，我们的父母亲往往以想当然的方式来对待，最终使得在教育过程中，我们总是感觉到不理想。出现这种情况，其实是我们没有细心地去观察分析孩子为什么要这么做。因为我们不太了解他的内心活动过程，他们所想的和我们所想的是两回事，所以，我们的教育有时候效果比较差。

第四，恒心。在教育孩子的过程中，恒心是最为重要的。十年育树，百年育人，一个人真正能够成材，应该说，必须要经历比较艰苦、复杂，或者说一个长时间的过程。那么在这个过程中，很多的教育必须要保持连续性。如果没有这种时间的连续，孩子的成长就会出现极其不好的征兆。对于孩子的教育，我们的家长往往会出现"三天打鱼，两天晒网"的情况，这样会给孩子一种暗示，即有些事情可以做两天，休息两天，最终使得孩子们的成长出现了一种不规则的发展状态。

4. 帮助家长树立正确的教养方式

父母的教养方式对子女的心理素质、心理健康都有密切的影响。良好的教养方式，对子女会起到正面、积极的作用；相反，不当的教养方式，对子女的心理素质、心理健康与学业成绩都有负面、消极地影响。据调查，有2/3的家长教育方法不当。家长的主要教养方式分为四类：

（1）过度保护——溺爱型。溺爱型的教养方式，表现为对孩子有求必应，百依百顺，不讲原则地一味庇护，是引发孩子行为问题的重要原因。家长对子女的过度保护会使子女对父母的依赖性加大，阻碍了子女独立性的发展，导致其适应能力很差。

（2）惩罚干涉——专制型。专制的教养方式常常会造就顺从型的子女。而顺从型的子女在与人交往中表现出被动、退缩、胆小、自卑、独立性差，过分小心、谨慎等消极的性格品质。父母对子女的严格要求是必要的，应该的，但严格不等于严厉，严格更不等于惩罚。严厉惩罚型的家长，或者由于自己不良的性格，或者由于工作过于紧张而心情暴躁，或者由于缺乏科学的教育孩子的知识，对待子女采取严厉惩罚的教养方式，长长此以往，会使子女形成暴躁、敌对、蛮横无理、说谎等不良的性格。

（3）否认拒绝——忽视型。否认拒绝型的家庭教养方式表现为家长总是否认和批评孩子，把孩子看得一无是处。用否定的眼光看待孩子，看不到孩子的长处和进步，否定孩子的一切努力。否认和忽视的教养方式，易使孩子从小丧失进取的动力，不思进取，得过且过，并且在人际交往方面丧失亲和力，对人缺乏热情，也就不会得到别人的友谊。

（4）关爱理解——民主型。父母对子女的理解与情感温暖就是一种良好的心理沟通、心理支持，也是信任，父母对子女的信任就是保护子女的自尊心，就能调动发挥子女的心理潜力，产生积极的心理效应，表现在孩子有良好的行为习惯，遵守社会公德，遵守社会秩序，遵守学校纪律，学习成绩提高等方面。这种民主型的教养方式为孩子心理和人格发展提供了广阔的空间，有助于他们创造力地培养和良好学习习惯地养成，是应该大力提倡的家庭教养方式。

三、培训指导的方法

培训指导的形式和方法有：举办专题讲座、咨询、家访、个别指导、组织讨论交流、建家长委员会、联系簿、设立婴幼托儿园所开放日、组织亲子游戏和相关活动等。可通过事先调查了解，根据家长的不同需要，有针对性地进行指导和培训。

与家长（监护人）沟通的具体方法有：

1. 家长会

这是婴幼儿机构与家长沟通的主要方法，针对婴儿的共性问题进行讲解，听取家长及监护人的意见和建议、对家长提出的相关问题进行咨询和解答。

2. 面对面交谈

育婴师针对某一个婴儿的具体情况与家长进行全面、深入地交换意见，也可以围绕某个问题进行讨论，取得共识。

3. 家访

根据家长的建议到家中全面了解婴儿的情况，观察婴儿各领域实际发展水平，帮助家长及监护人做出切合实际的教育成长方案。

4. 建立联系本

育婴师将婴儿一周情况做详细记录，包括睡眠、饮食、游戏活动等各方面情况，以及向家长提出支持和配合的具体要求和建议。

5. 请家长及监护人参加观摩课或亲子游戏

家长通过亲自参加教学活动，不仅能够看到婴儿在集体活动中的表现，还可以看到其他婴儿的表现水平，掌握游戏指导的方法。

四、育婴师与家长沟通的技巧

育婴师需要与家长进行有效沟通，才能完成对孩子的共同教育。

1. 注重与家长沟通的内容

育婴师与家长沟通要有目标，沟通的内容要体现在这三方面：与家长分享科学、系统的育婴知识和技能；主动询问孩子在家表现，就婴儿成长的信息与家长进行交流；针对家长特殊关注的问题和家长沟通，并且要引导家长之间进行经验的互相分享。

2. 主动了解家长有关情况

育婴师要主动了解家长的需求与希望，了解家长的基本情况如性格、教育理念，教养方式，文化水平等，了解家长基本情况，是探寻使用恰当沟通语言和方式与家长沟通的前提。

3. 选择多种沟通形式

育婴师要采取多种形式与家长沟通，面对面的沟通是最直接、最直观的方式。要学会聆听的技巧，在耐心听取对方谈话的同时，可有礼貌地问话、提问和回答问题。此外，也要重视与家长之间的非言语形式的沟通，如书面通知，评价表、反馈表等沟通形式。

4. 注意影响沟通效果的因素

育婴师服饰要整洁美观，言行举止要与身份相符，符合家长的期待，沟通时目光要与对方平视，身体略微前倾，表示出热情和感兴趣，与谈话者保持一定距离等，非语言信息会对沟通效果产生影响。

五、家长与婴儿沟通的技巧

家长应掌握 4 个与婴儿沟通的技巧：

1. 用语言沟通时的要求

（1）要叫婴儿的名字，让婴儿感到亲切，就会做出积极的反应。

（2）说话的语调和速度要恰当。与婴儿说话的语调要自然，音量适当，重要的话要加强语气，有所停顿，达到吸引婴儿注意的效果。

（3）语言要简明，用词尽量生活化、形象化，容易被婴儿所接受。

2. 聆听与安抚婴儿的情绪

耐心倾听婴儿的表达，善于鼓励，及时反馈。让孩子有表达自己需求的机会，先听孩子说，听完再做出回应。家长也要多观察，通过点头、微笑、抚摸、搂抱、蹲下来与婴儿交谈、看着婴儿的眼睛说话等方式，体现对婴儿的尊重、关心和爱护，

并及时纾解孩子的情绪。

3. 发展婴儿的自主意识与独立思考能力

给孩子足够的时间与空间，让孩子在自主尝试中发现自己的能力。能够独立自主的孩子，才会有自信心。

4. 少批评教训多肯定优点

说话态度要和蔼、友善。尽量用语言表达自己对婴儿赞赏和支持，使用正面语言，任何时候发现孩子的优点，都要给予肯定，切记不要说反话，总是揪住孩子的行为批评教训，亲子关系就会疏远，孩子就会缺乏自信。